未来都市
走向整体环境营造

FUTUREPOLIS
TOWARDS A HOLISTIC ENVIRONMENTAL DESIGN

时 匡 林中杰 时惠来 编著

中国建筑工业出版社

审图号：GS京（2025）0333号

图书在版编目（CIP）数据

未来都市：走向整体环境营造 = FUTUREPOLIS: TOWARDS A HOLISTIC ENVIRONMENTAL DESIGN / 时匡，林中杰，时惠来编著. -- 北京：中国建筑工业出版社，2025.3. -- ISBN 978-7-112-30941-2

Ⅰ . TU984.2

中国国家版本馆CIP数据核字第2025QR2597号

  本书是未来都市设计事务所二十多年来在建筑设计、城市规划和生态景观领域的创新性实践成果。全书体现了多尺度的整体环境塑造和空间演绎。本书可供广大建筑师、城市规划师、城市设计师、景观设计师以及高等建筑院校建筑学、城乡规划学、风景园林学等专业师生学习。

责任编辑：吴宇江 徐 冉
责任校对：王 烨

未来都市：走向整体环境营造
FUTUREPOLIS: TOWARDS A HOLISTIC ENVIRONMENTAL DESIGN
时匡 林中杰 时惠来 编著

*

中国建筑工业出版社出版、发行（北京海淀三里河路9号）
各地新华书店、建筑书店经销
北京锋尚制版有限公司制版
北京富诚彩色印刷有限公司印刷

*

开本：787毫米×1092毫米 1/16 印张：13½ 字数：351千字
2025年3月第一版 2025年3月第一次印刷
定价：**159.00元**
ISBN 978-7-112-30941-2
（44523）

版权所有 翻印必究
如有内容及印装质量问题，请与本社读者服务中心联系
电话：（010）58337283 QQ：2885381756
（地址：北京海淀三里河路9号中国建筑工业出版社604室 邮政编码：100037）

目录

01　城市启蒙 / 006

02　未来都市　未来环境 / 014

03　姑苏城外 / 018
吴江潜龙酒店 / 020
新苏师范学校附属小学 / 026
苏州工业园区星港街景观规划设计 / 034
苏州工业园区恒华产业园 / 037
京杭大运河吴中段城市设计 / 040

04　闻道淮扬 / 046
扬州新城西区规划及城市设计 / 048
扬州新区会展中心 / 050
扬州文化艺术中心 / 054
扬州新区商务办公中心 / 058
扬州体育公园 / 062
扬州体育场 / 068
扬州生态科技城核心区规划及城市设计 / 075

05　泰州药都 / 078
泰州中国医药城总体规划及城市设计 / 080
泰州中国医药城会展中心 / 083
泰州医药高新区数据产业园 / 089
泰州妇幼保健院 / 091

06　昆山杜克 / 096

昆山杜克大学 / 097
杜克花园 / 104

07　金陵新姿 / 108

南京麒麟生态公园 / 110
南京生物医药谷树屋十六栋 / 113
南京生物医药谷研发中心 / 116
溧阳南部新城总体规划及核心区城市设计 / 118

08　长白秘境 / 122

宝马古城 / 124
长白旅游商业文化街区 / 128
辽宁省第十二届全运会接待中心 / 130

09　山城江北 / 138

重庆盘溪河文化街区 / 140
重庆寸滩城市更新 / 143
重庆特钢厂文化产业园 / 146
石子山中小学 / 150
贵阳花溪生态示范综合体 / 155

10 钦州中马 / 160

中马钦州产业园总规与控规 / 162
马来西亚城城市设计 / 166
孔雀湾生态保护区景观设计 / 170
金鼓江区域滨水空间生态设计 / 178
北海银滩城市设计 / 183

11 海外游弋 / 186

刚果共和国黑角经济特区 / 188
埃塞俄比亚德雷达瓦产业新城 / 191
牙买加国际产业园 / 193
马来西亚柔佛产业新城 / 195

12 竖向城市 / 199

太原汾酒文化商务中心 / 200
上海杨浦科技园 / 206
苏州工业园区天翔大厦 / 209

致谢 / 214

01 城市启蒙

时匡

全国工程勘察设计大师
苏州工业园区原总规划师
一级注册建筑师

参观美术馆，站在一幅作品面前，如何看懂其中的奥妙、体会作者的初衷，往往比欣赏画作的色彩与技巧更有意义。因为艺术本身是有生命的，是情感之作。然而，对于大量的历史作品，现代观众只能面对画作去端详、去体会，从中悟出一些"道"来，对于一些缺乏创作背景与思想的作品，观众往往停留在欣赏画面效果和了解艺术流派的层面。

然而在今天，现代信息异常发达的时代，艺术创作方式与观众的交流方式正在发生根本性的转变：我们可以直言创作的背景和思想，公开地让社会来评说。作者增加发声的机会，可以使作品与社会的关系更加密切。

我一直很喜欢毛阿敏的那首《思念》，其歌词、曲和表演者的气质超脱一般歌曲。但自从我了解该歌词作者乔羽先生及其家人的故事背景后，一股激动万分的情感融入了歌曲的每一个音符。再听此曲，彻底升华了！

当然，这是一个非常特殊的例子，但它揭示了一个普通而真切的道理，那就是作品的作者要发声，要投入情感，要讲其背后的故事！

作者在推介自己原始想法的时候，事实上就是对自己也提出了一个不算奢侈的要求，那就是要有立意。如果作者自己本身就没有太多想法，那这件作品就可能是不完整的。而有立意的作品，作者也希望读者能感悟作品的深度。

建筑、规划与景观作品和美术作品有很大的不同。它是一件共同产品、社会产品，在设计过程中会经历方方面面的事情。如果作品在落地过程中没有得到很好的实施，即使原创者有不凡的立意，但最终呈现在观众面前的效果可能会大打折扣，甚至面目全非。但是，我们不能因此而怀疑立意的价值，相反的，我们更应该追求作品的原始价值，让历史来证明，让大众来评论。

本书力图记录和交流我们作品的原始想法，这些想法很多都是以草图形式表现的。但由于种种原因，有的作品草图当时没有得到保存，这部分遗憾将通过文字的叙述与图片的传达等给予弥补。

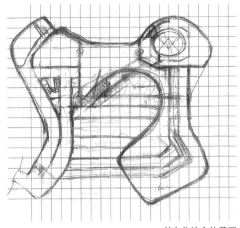

某文化综合体草图

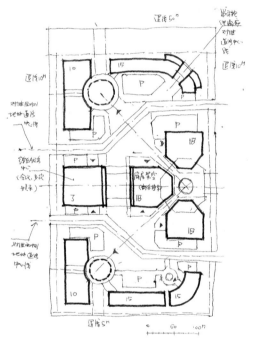

某城市设计项目草图

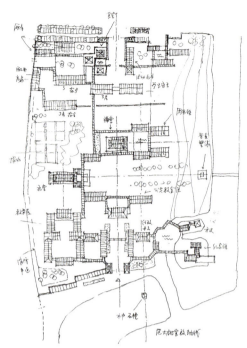

鉴真佛学院草图

鉴真佛学院鸟瞰

鉴真佛学院细部

未来都市设计事务所以建筑创作为本,并越来越多地参与城市规划与设计,后来又随着景观设计业务的逐渐崛起,最终三个领域的业务形成三足鼎立的态势。这从一个微观视角反映了自20世纪90年代以来中国城镇化的发展与深化,以及进入城市更新的历史进程。从未来都市设计事务所本身的发展来看,我们始终认为建筑不是孤立存在的,它与环境的关系乃至城市文脉的关联都是非常紧密的。一件成功的作品应该给人们带来一个场景、一种身临其境的环境感。一个经过设计的整体环境远超单一的空间形态设计,并对人产生极大的感染力。为达到这个目标,我们要融合建筑之外的众多元素——街道、城市、人文、历史、景观等。

许多作品的成功可能不在于建筑本身,其灵感可能来自其他方面。对执业建筑师的考核往往体现在于对相关技术规范的熟悉程度,而作品的成功往往源自众多相关知识的融合。首先是城市规划,建筑师要扩大视野,研究设计对象所处的城市与区域,要研究城市设计对建筑的指向性要求。建筑师可以遵循城市设计的限定,也可以对城市设计提出新的建议。

无论是建筑设计还是景观设计,在创作过程中需要重视和遵循城市设计的导则。城市设计研究建筑的整体关系,从视觉环境角度来讲,建筑群体的影响力要远大于单体建筑。现在城市设计存在的问题有:一是许多地区没有覆盖;二是深度和技术标准不到位;三是规划条例教条、刻板。

尽管城市设计在我国一直在发展与进步,但仍有许多的工作需要去做、去推广和去完善。我们在大范围的研究实践中需要有目的地掌握规律,同时还要保持设计的创意。城市设计能给一个城区或建筑群带来激动人心的场景和良性的社会效应,以及提升土地开发价格等。精彩的城市设计再加上精美的建筑设计,那才是最完美的!

不是每个建筑师都能对城市规划提出自己的见解。比较现实的是,建筑师要读懂规划,了解城市规划的本意,了解建筑单体周边的道路性质、建筑物所处区域的功能结构，以及场地的制约、市民的动向和需求，还有建筑所处地域的历史文化和保护政策等，这些对于一个单体建筑设计来说既是约束，也是启示。

景观适用相似的原则。建筑和景观密不可分已成共识，问题是它们二者能否同步进行？建筑师在设计建筑的时候也已考虑了景观的原则，并留出了景观的空间。更有前瞻性的设计是，建筑师在进行空间设计时已设定了景观的"量"和"质"，同时听取了景观师的建议，并随时做出调整。

当然，如果建筑置身在一个相当大的环境空间中，它和景观的关系会更宏观，特别是在人目及的范围内要考虑建筑和景观的和谐关系。古代的风水理论为处理建筑与周围环境及景观的关系等提供了借鉴。从现代城市规划原理来看，风水实则包含对城市和自然要素的理解和协调，并在建造中趋利避害。

在一个又一个的设计实践中，本人体会到设计师把握各种关系与比例的能力十分重要。这包括新建筑与周围建筑的比例关系，新建筑与公共开放空间的比例关系，建筑单体内部各部分之间的比例关系，建筑局部构件和建筑整体的比例关系等。如果在一个原先就比较优美的景观环境中做设计，新建筑就要注意保持低调，应让位大环境，并提升原有的环境质量，而不是为表现自己而破坏了环境的协调。

年轻建筑师往往有强烈的创新意识，寻求标新立异，这是难能可贵的，也值得提倡和鼓励。但往往一个好的立意以及最终作品的成功还需要扎实的基本功，这就是对比例的把握能力。当然，在有扎实的比例把握功力的基础上寻求突破是完全可以的，然而这需要更高的技巧和能力。

社会上流传着这样一个话题，在一个国家高速发展时期往往会遗留下一批粗糙的、日后需要改造与拆毁的建筑。回忆过去40年来我国建筑师的经历，由于时间和社会层面的种种因素的限制，原本一些非常好的建筑命题本可以做得更好的，但却造成了遗憾。其问题大致表

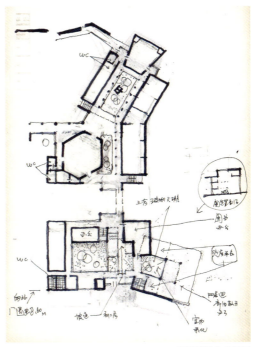

扬州党校方案草图

台儿庄运河古城渲染图

苏州工业园区CBD2003版城市设计平面图

苏州刺绣研究所大门

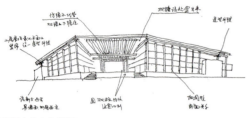

宁阳文化中心草图

室内外连通的宁阳文化中心舞台

作者时匡接受中央电视台采访时的画面

现在以下几个方面：

一是缺乏对建筑与环境关系的深入研究。所谓环境关系，包括场所和周围的建筑群体之间的关系。我们往往看到一枝独秀的单体建筑，但是它和周边环境缺乏协调性，究其原因主要是城市设计不到位。

二是建筑学、城乡规划学与风景园林学的相互割裂。从建筑教育开始，虽然后期有些学科知识的交流，但在具体的设计阶段，大多数专业设计师对其他专业都不够关注，彼此之间的工作是割裂的，社会结构上也没有一个综合性的机制和要求。

三是评价决策体系的问题。对于一些百年大计的规划、建筑、城市设计和景观工程，匆匆行事是常态，决策周期过短。一件作品设计诞生的过程相对还有较长时间，但评价和决策的过程往往是短暂和片面的，许多方面并未得到充分、仔细与深入的研究。

四是由于决策方向的片面性，导致建筑师的工作重点不是朝一个正常的理想方向努力，特别是在设计创意上的深入，往往只在造型和立面上动脑筋，甚至仅比拼效果图！

可以这样说，我国大规模城镇化建设在短时间内造就了一大批光辉靓丽的城市。但在这些新城区中市民对生活的体验并不理想，这突出表现在城市文化和建筑空间内涵追求的缺失上，表现在对贴近人民细节的忽略上。所以要总结的话，设计创作需要有宏观的立意，需要对建筑与环境的综合考量，需要对比例和细部的深入推敲。这也是我们多年来在未来都市团队中培养新人和推动工作的方法。

在这里，我简要回顾一下自己的职业经历，也许能对年轻建筑师的职业规划有所启发。

我自大学毕业之后就一直从事建筑设计。由于自幼喜欢画画，喜欢做手工，所以感到建筑学专业是选对了，并一直保持着热情。最为兴奋的时刻，无疑是自己作为一名年轻的建筑师，自己构思的草图居然变成了现实。当房子矗立在自己的面前时，我开始仔细地观察建筑的每一个部件，揣摩当时的设想和现实的距离。从最初发觉有较大的差距，到后来随着实践的增多，这个差距也逐渐在缩小，并慢慢地跨入到了一个"自由王国"。在这样的工作中，我得到了满足，并且特别享受到工作的乐趣。

我出生和成长于上海，大学就读于同济大学建筑系。在中国这个开放发展的城市中，我从小能感到种种现代的气息。之后又在一个有着2500年悠久历史的文化名城苏州工作，并饱受优秀传统文化的熏陶。非常有趣的是，在创作建筑方案时现代气息与传统文化这两样东西会同时涌现出来。

20世纪80年代初，我接到苏州刺绣研究所的设计任务。该项目的挑战在于：它既是苏州当时十分重要的接待外宾的场所，同时又紧邻世界文化遗产环秀山庄。最终的构思是新建筑要低调，并让位于环秀山庄这个主体；新建筑又要协调主体，要放大主体有限的范围。其次，建筑要有一定的创新，满足展销这个现代功能，在设计中丰富室内外空间，在材料上创新传统构件，展现时代特征。

20世纪80年代初是中国现代建筑的成长期，建筑界对中国传统文化的价值尚未有清晰的认识。所以，苏州刺绣研究所的设计思想从现在来看都是难能可贵的，这个作品后来获得全国优秀设计金奖。

这一时期，本人探索现代和传统相结合的不同类型的建筑作品还有中国工商银行苏州支行办公楼、苏州市建筑设计院大楼、苏州市政府办公楼、苏州外事办大楼、苏州电视总台及北京东直门国际公寓等。

1990年，本人作为高级访问学者到日本开展研修，算是中国建筑界较早走出国门的专业建筑师之一。我在日本研修的专业是环境设计学科，当时在日本这也是一个比较新的学科，从现在学科分类来讲，它结合了城市设计和景观设计。这次研修让我在职业生涯上有了一个突破，并促使我跳出了狭隘的单体建筑设计，把视角放到了环境设计层面。

1992年，自日本归国后，我前后在苏州新

苏州工业园区星海游泳馆实景

苏州工业园区天翔大厦实景

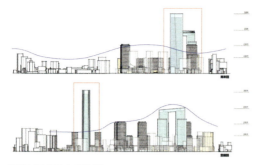

昆明CBD建筑高度控制

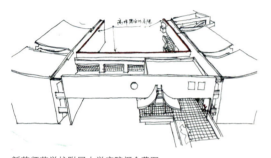

新苏师范学校附属小学庭院概念草图

新苏师范学校附属小学实景

区和苏州工业园区做规划和建筑策划，之后正式调入苏州工业园区并负责城市规划工作。这对长期从事建筑设计的我来讲是一个全新的体验。一座新城规划的编制及大规模实施，其跨度之大、难度之高可以想象。回顾这一阶段，最欣慰的是，苏州为我提供了一个如此广阔和前沿的舞台，使我可以和当时业界顶级的规划、建筑、景观同行合作和交流，并将各方面的创意集思广益，同时落实到中国这片"实验田"里。

这一阶段的工作饱满、多彩，也充满激情。常常是白天刚完成一个居住区的详细规划并制订各方面的建设条件，到晚上又要参加我参与创办的苏州工业园区建筑设计院的设计工作中，特别是在规划的地块上策划建筑、构思设计。

在大家的共同奋斗下，苏州工业园区开创了我国在规划、建筑领域的许多首创：第一个大型城市景观规划设计和落地；第一个社区邻里中心的规划和建筑设计；第一个和住宅建筑同步的小区景观设计；第一个城市设计以及图则的实施管理；第一个类似住宅区的工业坊设计等。

苏州工业园区的规划、建筑与景观，它从大的概念到细部的实施，都得到了国内外同行的协作和帮助，并取得了比较丰硕的成果。这一成果从策划到初步建成历时20多年。一座新城在如此短时间内整体呈现于世，这本身就是一个奇迹。从专业上分析，由于项目比较特殊，成功的因素也比较特殊，但其中有一点，我们把握了从宏观到细部的全过程。这个项目的定位，自始至终没有出现较大偏差，这对成就此项工程是一个很重要的条件。

自2006年我从苏州工业园区总规划师的位置上退下来以后，便逐渐把精力转向指导未来都市设计事务所的实践。这本书就是从那时起，与未来都市团队一道做的设计探索。未来都市设计事务所是一家集规划、建筑和景观的中等规模设计事务所，它以创作见长。多年来，未来都市设计事务所一直追求多专业协同设计，作品涵盖区域与城市规划、城市设计、建筑设计、景观与生态设计等。设计过程注重多专业融合，注重方案构思。未来都市设计事务所强调对整体环境的设计，其大型项目往往从规划和城市设计入手，强调建筑与景观的相得益彰。

除了为苏州工业园区的建设继续做出自己的贡献，未来都市设计事务所也在全国乃至世界范围内践行我们的设计理念并推广苏州工业园区的成功经验。正在规划中的马来西亚柔佛产业新城就是一个较新的案例。这个设计在苏州工业园区清晰的规划结构基础上做了适度混合，使柔佛产业新城的组团结构更为明显，并与周边地形、绿化、水系融为一体，成为一个更生态、更人性的城市。希望通过努力这个理念能得以实现。

在建筑方面，未来都市设计事务所根植于苏州这样一座有着悠久历史文化底蕴的城市中，既坚持优秀传统文化又有所创新。回顾我本人40多年的设计实践，尤其在每一个历史阶段中，都希望自己在行业内起到引领作用。近期刚建成的新苏师范学校附属小学，它是近年来我们在苏州古城内做的大规模的民生工程，该建筑以"苏而新"的面貌出现，继承并发扬了苏州传统院落空间的特色，并入选2022年威尼斯建筑双年展之中国馆。

我们的设计理念是，只要坚持耕耘，就一定会有收获。未来都市设计事务所是我们公司的名称，它也寄托着我们公司同仁对未来的期许。

02

未来都市
未来环境

未来都市　未来环境　015

未来都市设计事务所是一家国际性的设计咨询机构，扎根于中国，在21世纪初全球经济融合的背景下成长，致力于人居环境的创造与提升。立足于对东西方城市的深入研究和对未来环境发展趋势的把握，未来都市设计事务所提供城市规划与设计、建筑设计、景观与生态设计等领域的卓越服务。密切的跨学科合作和互动是事务所设计文化的核心。从概念到实施的整个过程，每一个项目常常有多个专业的设计师投入，从而打造更具整体性和连贯性的空间和环境。对从城市到建筑和景观的不同尺度的综合把握能力，使得设计团队能充分挖掘基地的特质和文脉并发挥其潜力，在设计中注入生态和可持续发展的设计理念和先进技术，从而达到更佳的建成环境质量并实现空间的文化特性。

未来都市设计事务所的设计团队由在中国和美国具有丰富设计和工程经验的众多建筑师、城市规划师和景观设计师组成，包括全国工程勘察设计大师，美国常青藤名校终身教授，中美注册建筑师、高级规划师，美国注册景观建筑师（ASLA），美国绿色生态设计师（LEED）等专家。在未来都市设计事务所正式成立之前，团队有一批成员已经在美国大公司或高校工作多年，并希望把在海外所掌握的专业技能和创造性理念带回中国，开创一种新型的设计事务所。另一批成员是国内大型设计院的技术与管理骨干，拥有丰富的设计和工程经验，并直接参与了苏州工业园区创办以来的规划设计和管理工作，有着对中国城市深入的了解及对设计精益求精的追求。这两组力量结合的目的是追求设计新思维、新技术与中国本土文化和经验的融合，做一个专注于精品创作、有国际竞争力的事务所。

未来都市设计事务所的英文名字"Future+Polis"代表了整个团队对当代环境设计的理解，即设计是一种前瞻性的工作，需要有超前意识和对环境的整体把握。这个理念既体现在未来都市的设计方法上，也体现在事务所的构成和工作方式上。建筑、景观或城市设计项目不是一个

扬州西部新区城市设计

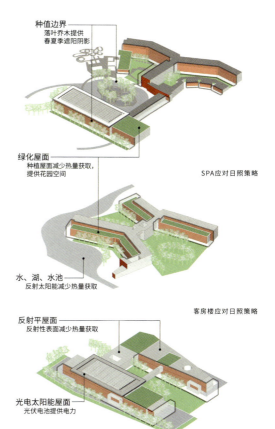

河北澳森酒店空间系列与环境分析图

未来都市设计事务所办公室

江阴高新区核心区城市设计

金坛钱资湖绿色基础设施分析图境分析图

《全球化时代的城市设计》封面

个孤立的形态或空间的设计，而是城市演进中的一个片段。特别是中国的建设项目，往往处在城市环境之中，而且规模相当大，需要结合城市文脉对室内外环境进行合理规划和综合设计，以达到环境质量的连贯性。在事务所的架构中，建筑、规划和景观三个团队并行运作。虽然在国内大型设计院中也有三个部门都有的情况，但这些部门往往各自为政，独立运作各自的项目，没有太多的交叉，结果仍然是设计上的割裂。在未来都市设计事务所的公司文化中，三个团队在各种项目中有大量的交融与互动，相对小的公司规模和精干的团队也使这种做法游刃有余。比如，在很多建筑项目中，景观设计师从概念设计阶段就参与进去，更不用提城市设计项目，往往是三个团队一起参与，因而在城市形态和公共空间节点等设计上能做得更深入。这样的结果既带来有高度整体性的设计，同时又有利于更深入探索可持续性的设计策略，因为可持续性的环境需要打破城市、建筑和景观三个范畴之间的藩篱才能有效实现。

以扬州新城西区这个项目为例，我们先为这个新城制定了详细规划，把重心放在城市文化公共设施以及与周边居住和商业的紧密联系上，并确立以湖面为中心的景观规划框架。接着我们设计了其中若干主要的公共建筑，这包括体育公园、文化艺术中心、会展中心、行政中心、会议中心等，这些项目注重建筑与环境之间的呼应以及室内外空间的关联。在体育公园，我们设计了体育馆和体育场，并通过细致的景观设计把这些建筑和现有地形完美地融合在一起，并创造新的景观以供市民休憩和欣赏。这一系列项目取得了非常好的环境效果，也得到人们普遍的赞誉，其中多个项目还获得多项省部级的设计奖项。

未来都市设计事务所在四个领域有突出的特色和优势。第一个领域是新城的规划与设计。几位总监先后参与了苏州工业园区的规划和一部分建筑与景观项目的设计。作为中国最有代表性的高起点、高标准的新城，苏州工业园区为全国很多新城建设起到了示范作用。我们团队把这些经验带到许多新城的规划设计中，并取得了成功。如扬州新城、昆明CBD、钦州中马产业园等，以及"一带一路"在非洲和东南亚的若干新城项目。第二个领域是城市设计。作为三个专业的交集，城市设计和城市更新无疑是我们的一个强项，几位总监在城市设计理论上也发表了不少有影响力的著作。第三个领域是生态设计。这个特点在几个类型的项目中都有所体现。例如，贵阳花溪生态示范综合体就是一个零排放、低能耗建筑的试验性设计；昆山杜克大学和南京麒麟生态公园则是采用先进生态设计技术的景观设计；以旧金山湾区为范围研究温室效应导致海平面上升的应对策略等，这是城市尺度上的概念规划。第四个领域是数字化设计。我们一直尝试在实际工程中运用最新的数字化设计技术，一方面Rhino、Grasshopper、Revit等设计软件的运用让我们能创造更有机、更动态的建筑形态和景观空间，另一方面我们也在汾酒文化中心等大型项目中研究参数化设计在建筑表皮设计中的运用。

未来都市设计事务所和学术界有相当密切的关联，公司几位总监担任或者曾经担任中国和美国知名大学的教授职位，并发表了有影响力的规划与建筑的著作，这包括在中国建筑工业出版社出版的《全球化时代的城市设计》和《新城规划与实践——苏州工业园区例证》，Routledge出版社出版的英文版《丹下健三与新陈代谢运动》和《竖向城市主义》，以及韩国出版的作品专辑等。其他总监也在国内外的著名建筑院校讲学和担任设计课教师或评图专家。这样的团队背景给公司带来了很浓厚的学术交流氛围，我们不但连续举办名为"未来论坛"的苏州青年建筑师与规划师系列活动，而且每年暑期，未来都市设计事务所更成为中外建筑院校实习生交流的大本营。美国北卡罗莱纳大学建筑学院、宾夕法尼亚大学设计学院、苏州科技大学建筑城规学院等常年在此举办联合城市设计工作坊，这为苏州的城市设计与城市更新提供了智力支持。深入参与学术活动也支持了未来都市设计事务所的创新，成为公司创造力的一个源泉。

江都行政中心渲染图

《新城规划与实践——苏州工业园区例证》封面

未来都市国际暑期城市设计工作坊

姑苏城外

03

未来都市设计事务所对环境设计的探索发源于苏州，很多项目也落地于此。这座城市连通江南传统与世界文明，贯穿历史记忆与未来愿景，其两千多年来人与自然水乳交融的城乡环境成为人们追求整体性环境塑造的最佳灵感。苏州工业园区自1994年创建以来，产业平衡发展与人居环境规划促使它成为当代中国最有经济潜力和最宜居的新城区之一。未来都市设计事务所持续地投入园区的规划和设计工作中。基础设施优先、遵循长远规划、景观与建筑营造相辅相成等，造就了优越的城市环境。未来都市设计事务所也参与苏州姑苏区、吴中区、吴江区等诸多项目的设计，并见证苏州古城与新貌的平行演进。

航拍实景

基地面积:14,956 m²
建筑面积:8,200 m²
设计时间:2012年
建成时间:2015年

吴江潜龙酒店

2016年江苏省优秀勘察设计三等奖

酒店全景

　　潜龙酒店坐落在江苏省苏州市吴江区中国著名的丝绸水乡古镇——盛泽镇。随着"一带一路"经济一体化的发展，盛泽镇已成为中国丝绸纺织中心、现代江南水乡人居典范。坐落于盛泽镇西部新区舜湖公园的潜龙酒店成为盛泽镇接待中外高级客商的一个场所。

　　建筑选址在水乡的湖边。"水"是设计创作的灵感，它彰显了盛泽水乡的现代韵味。潜龙酒店之"水中庭院"，其立意是把传统苏州园林和现代生活紧密地联系起来，最大限度地和水亲近，构成了有别于封闭式苏州私家园林的现代营造特色。

022　未来都市：走向整体环境营造

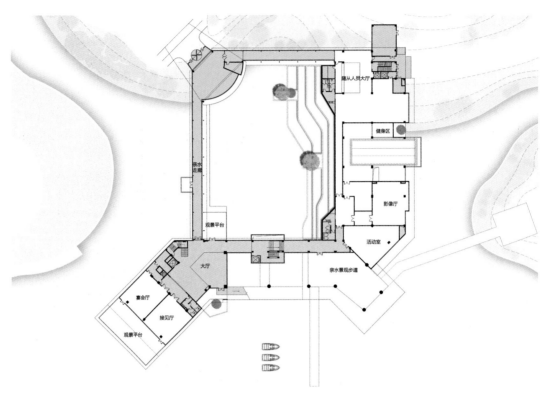

首层平面图

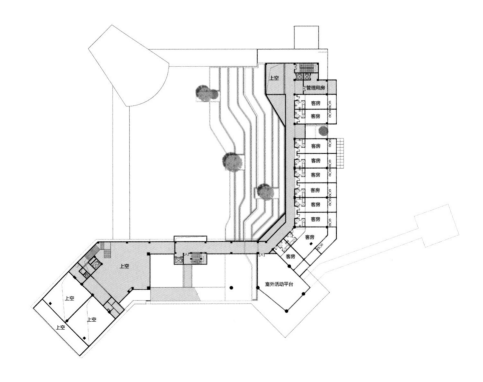

客房层平面图

入口雨篷

从大堂欣赏水庭院

从庭院步道看内立面

建筑立于水面之上

　　设计的最大特点是做足"水"的文章。"水"在建筑之上,"水"也在建筑之下;"水"在建筑四周,"水"也在建筑之中。建筑主要分为商务接待和留宿酒店两个功能分区,酒店部分又分为高端和普通两部分。园林式的平面巧妙地划分了三者的关系,做到既互不干扰又共享水景资源,流畅而简洁。入口大堂设计则处理成苏州园林中的"水榭",使客人一进门就进入观赏水院的视觉焦点。随后是"旱廊道"与"水廊道"这两条廊道,分流了不同的客流。该廊道设计了可开、可闭的视线空间,从而给步行者以"静隐"和"豁亮"的不同感受。中庭水院是一个两层高的叠水景观,以"源"为命题,从水廊下穿越,并汇入舜湖。其巧妙之处是,跌水的下部隐藏了普通客房和配套设施。这是一种将景观最大化并削弱人工建筑的手法,就像许多现代建筑被置于地下,而屋顶却覆盖着绿化一样。只不过这个设计的创意是将建筑置于一片流水之下,"潜龙"的名称也由此而来。

接待和酒店之间的空间分割体现在一片湖面水伸进了建筑，并形成又一独特的空间——水的灰空间。建筑可以从多个角度与水景对视。此外，建筑和绿化的衔接也十分充分。

层层屋顶绿化开辟了立体花园，建筑和舜湖西部半岛的绿化，从空间和行为上融为一体。潜龙酒店是环境和建筑完美结合的一个例证，极好地表现了当今十分强调的建筑绿色性和生态性。

水庭院

屋顶花园

洞视操场空间和风雨操场综合楼

新苏师范学校附属小学

基地面积：48,370 m²
建筑面积：49,000 m²
设计时间：2020年
建成时间：2022年

2021年度苏州市优秀勘察设计（原创方案类）二等奖
2023年度苏州市优秀勘察设计（民用建筑类）一等奖
2023年威尼斯双年展参展项目

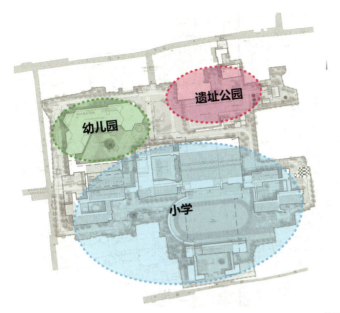

组团分析图

遗址公园现状图

地下室施工图片

鸟瞰效果图

江苏省新苏师范学校附属小学位于千年古城姑苏城内。苏州古城区有着两千五百多年的历史，至今城址未变。该项目设计核心理念为"做最有新苏味道的未来学校"，呈现其蓄百年办学之精华、弘扬现代中国学校之精神的学习气质，将"未来教育"与"古城气质"相契合。

校园总建筑面积49,000 m²，包含一所四轨制幼儿园和一所六轨制小学。因地块内发现了明清时期和丰仓的遗址，故在其遗址上设置一座遗址公园。遗址公园既是校园的一部分，同时也对社会开放。

总平面图

　　校园设置南北、东西两条主轴线，将主要的院落布置在轴线上，次要院落布置于两侧。幼儿园围绕保留的古树形成三面围合式院落，与小学共用一个出入口，且流线清晰。小学分为三个"小小学"组团，每个"小小学"都拥有独立的大院落，其垂直方向也设置屋顶花园及活动院落。东西向位于二层的"绿廊"将三个"小小学"及综合楼串连在一起。院落间互相贯通又有所分割，室内外院落也可分可合。一方面，院落的设计将整个校园完美地融入苏州古城肌理之中；另一方面，则利用院落将教育空间室内外融为一体，并突破传统教育模式。新苏小学的设计理念是把校园设计成一个开启童心的儿童乐园，学生在这里能享受美好的教学生活。这是一个以学生为中心的教育园地，以教师为中心的活动场所，也是一个以文化为中心的社区。

融入古城的建筑群

主入口对景台

隐喻少先队队歌的立面

建筑侧面造型

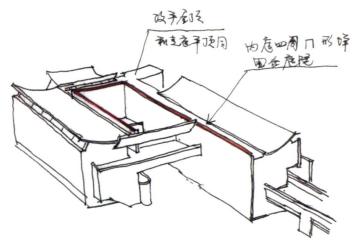

二号教学楼草图

小学部入口建筑图案隐寓着改良后的屋顶形式（二号教学楼入口）

反向弧面,形似传统屋面(三号教学楼)

教学楼立面(三号教学楼)

主入口下沉式庭院

星港街与现代大道交汇路口节点

苏州工业园区星港街景观规划设计

项目面积：约64 hm²
设计时间：2008年
建成时间：2011年
合作单位：美国兰德设计公司

　　星港街是苏州工业园区中心区的一条南北向主干道，东面邻金鸡湖，西面界定了园区的中央商贸区。2008年苏州工业园区对从现代大道至金鸡湖大道之间大约3 km的星港街路段进行整体街道景观与公共空间提升。未来都市设计事务所与美国兰德设计公司一道中标了该项目，此设计由苏州工业园区管委会主持建设。

　　该景观设计提出了可持续性环境保护和都市生活质量提升的规划设计愿景，并通过景观营造丰富了商贸区沿湖地段巨型商业中心（苏州中心）的内涵。通过对沿路用地的多重利用，使湖滨区域充满了生机。项目在场地内恰如其分地布置绿化设施，做好生态设计，活化不同用地之间的过渡区，支持开放性区域交通走廊，安排雨水管理系统，形成连贯而丰富的步行与骑行体验。

从街道绿地望居住区

步行道上的休息凉棚

步行桥

街道节点公园的花架和休息坐凳

步行道夜景

广场夜景

中央庭院实景

规划面积：70,982 m²
设计时间：2012年
建成时间：2014年

苏州工业园区恒华产业园

  在设计这个位于苏州工业园区的恒华产业园办公区景观之前，设计师综合考虑了多方面因素，包括"符合办公楼简洁形象""体现最佳公司形象""合理利用外部空间"和"满足功能需求"等。针对入口、道路、中心庭院等主要形象空间和半私密的入户空间采用不同的设计手法。建立建筑的专有区域，创造符合企业形象的特色空间。充分利用建筑间的绿地景观空间，为每栋建筑尽可能地创造活动场所。将现有景观区域进行空间功能划分，营造出具有独立前厅与后院的办公环境体验。

  此外，设计注重材料冷暖色搭配及其对人的心理影响，注重材质、线条的选择，以及与周边环境的相互影响，旨在提升整体区域品质。

总平面图

中央庭院渲染图

社区中心

植被与大型盆景

楼宇间的绿廊

总体渲染图

规划面积：70,982 m²
设计时间：2012年
建成时间：2014年

京杭大运河吴中段城市设计

该项目是为京杭大运河申报联合国教科文组织世界文化遗产所做的一个项目。项目位于苏州市吴中区。设计研究了苏州南部3.5 km的一段大运河，提出了围绕大运河城市复兴的构想。此规划设计灵感来源于水与茶文化，并进行了三个层次的城市设计，达到重塑运河空间的目的。

在城市尺度上，现有的公交线路和拟建的公交线路被纳入交通和步行网络的重组中，这加强了该地区与苏州历史中心和蓬勃发展的新商业区的联系，也明确了以公交为导向的发展战略。针对运河的景观和利用问题，设计保留大部分滨水区域作为公共用途，大幅提升周边社区通往开放空间的可达性，并创造连接河道两岸的滨水景观。在建筑尺度上，建筑与景观相结合，以界定户外和滨水空间。而对群体和个人的活动空间，则根据不同需求和不同功能进行空间分布，同时鼓励市民健康的生活方式。

姑苏城外　041

大运河现状分析

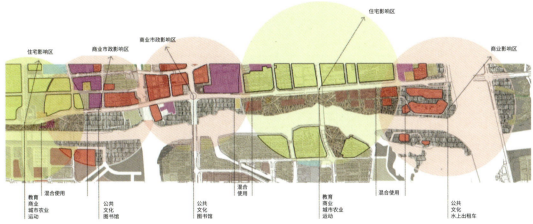

设计区段用地性质分析

大运河两岸节点

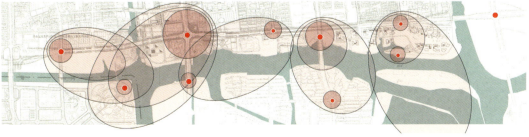

大运河两岸视线分析

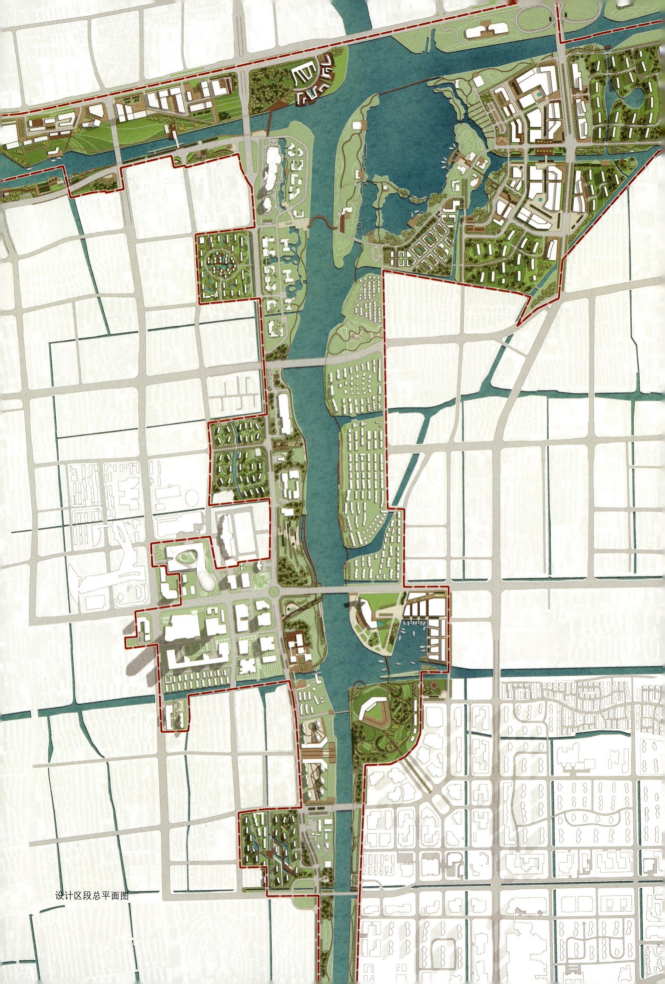
设计区段总平面图

姑苏城外　　043

运河北岸办公区

澹台湖区段鸟瞰图

044　未来都市：走向整体环境营造

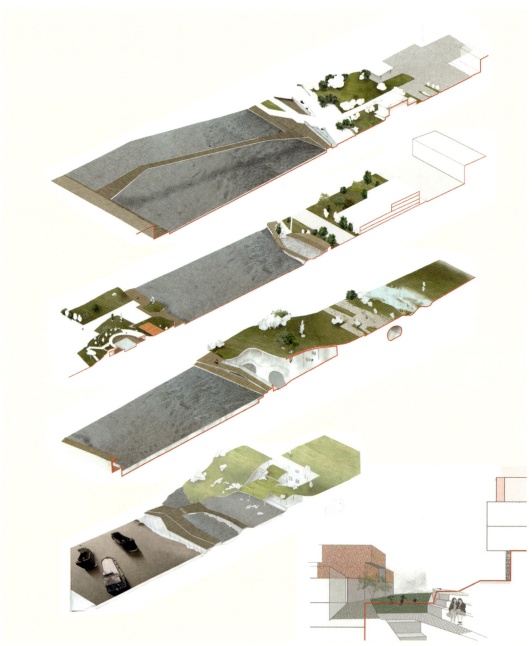

系列轴测剖面图

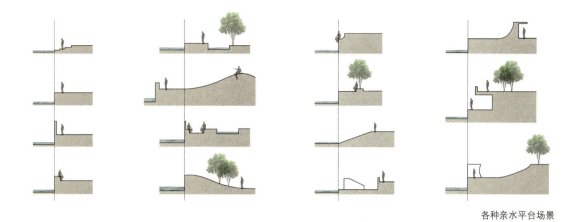

各种亲水平台场景

人造山丘

跨运河剖面图展示两岸亲水平台与对景

04

闻道淮扬

　　扬州是与苏州相似的江南历史文化名城，地处长江以北，有着独特的文化神韵。自2005年完成扬州鉴真佛学院的设计之后，未来都市设计事务所在20年间前后深度参与了扬州两片新区的规划与开发。在扬州新城西区，我们以城市设计为引领，打造一片现代性与地域性紧密融合的文化休闲商务区，并相继设计了一系列的文化、博览、体育设施。规划和城市设计的意图在建筑与景观设计中传承下去，充分体现了规划、城市设计和建筑三者的契合，并诠释了未来都市设计事务所对场所的关注，以及在地性的设计理念。在近几年的生态科技城城市设计与建筑设计项目中，我们更进一步探索了生态文明的空间表达，以及疫情之后新城新区的可持续发展之路。

航拍实景

扬州新城西区规划及城市设计

规划面积：约10 km²
设计时间：2005年
建成时间：2020年

总体用地分析图

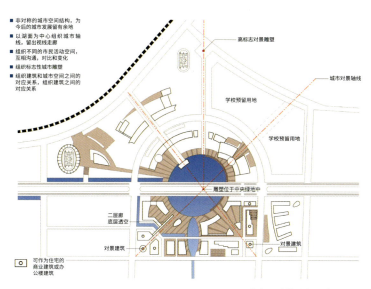

核心区总体城市设计平面图

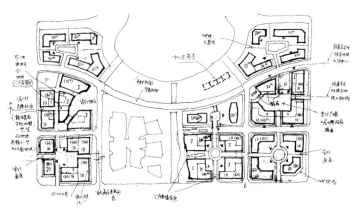

办公区与居住区板块空间布局

扬州新城西区作为有着两千五百年历史的扬州古城空间拓展的重要板块，堪称中国快速城市化进程中的一个典型案例。该规划除了赋予其主导的生活居住功能之外，还承接了其他重要的公共设施，如市级的会展、体育、文化、行政及商务等公共建筑，并承担着城市副中心的角色。经过十几年的建设，扬州新城西区已基本建成，并成为扬州市最具活力的城市板块之一。

扬州新城西区城市规划密切结合当地的地理、气候、水文等因素，它以扬州城市轴线干道——文昌路为界，分为南、北两个部分，其北部地势多起伏。为保持原有地形地貌，城市设计"散点"布置了城市主要公共设施。而新城南部相对平坦的地形则以居住和配套商业为主，并以人工湖和沿山河风光带作为城市线性公共开放空间，以供居民休闲活动。其全覆盖的城市设计则指导着扬州新城西区的每一项建筑设计。

会展中心建筑群

扬州新区会展中心

基地面积：72,600 m²
总建筑面积：94,800 m²
设计时间：2005—2015年
建成时间：2018年

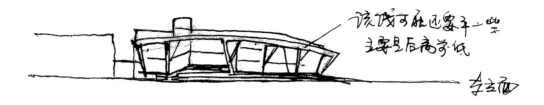

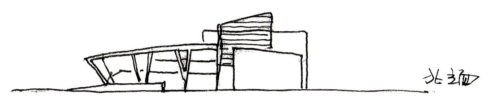

会展中心一期立面草图

会展中心一期外观

扬州新城西区的北部规划是市级公共设施的集结地，其城市设计的理念是：公共建筑为绿化所簇拥，并可以各自彰显个性。其会展中心周边已建有会议中心、博物馆、图书馆、音乐厅以及美术馆等文化综合体。会展中心的方案设计则依据城市设计，打造明月湖沿岸建筑群的整体风貌。

会展中心由一期、二期、三期组成，总用地面积约7.3万 m^2，总建筑面积约9.5万 m^2。一期工程建筑总用地面积16,600 m^2，建筑面积为15,000 m^2，室外展场4,000 m^2，同时可以视展览而分设。建筑造型为大跨度的弧屋面与斜墙组合构成，立面则通过大面积通透的玻璃将四周优美的景观收纳其中。

会展中心一期标志性弧顶和雨篷

会展中心一期、二期与酒店

会展中心二期为满足日益发展的会展需求，同时也为弥补一期工程在面积和会展配套上的不足，增加了会展及配套面积。建筑总用地面积20,000 m²，总建筑面积约27,800 m²。立面造型上沿用了一期的弧形断面钢结构屋盖形式，延续并丰富了一期的造型。会展中心由单体建筑发展成建筑组群。

会展中心三期位于一期、二期南侧，建筑总用地面积36,000 m²，总建筑面积52,000 m²，功能上除增加展厅和配套空间之外，在毗邻南侧文昌路与东侧沿湖环路增设酒店配套。其北侧与一期共用礼仪性广场，并作为室外展厅的一部分，使一期、二期、三期会展中心形成连续的动线。立面造型延续一期、二期弧形断面钢结构屋盖形式。沿湖展览部分形成有规律的连续建筑组群。酒店部分则在延续弧形屋面形式的基础上，形成向上起势，并成为会展中心的制高点。整个综合体以空灵及动感的会展建筑群体形象矗立在明月湖北岸，从而丰富了城市轮廓线。

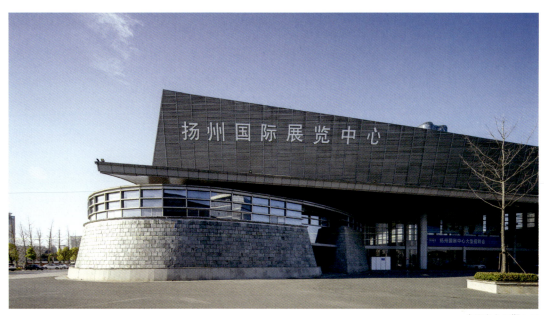

会展中心三期入口

会展中心三期玻璃幕墙

会展中心三期外观

航拍实景

扬州文化艺术中心

基地面积：36,253 m²
建筑面积：50,000 m²
设计时间：2008年
建成时间：2011年

2013年江苏省优秀勘察设计一等奖
2013年苏州市优秀勘察设计一等奖

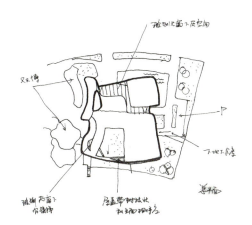
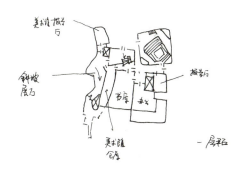

平面草图

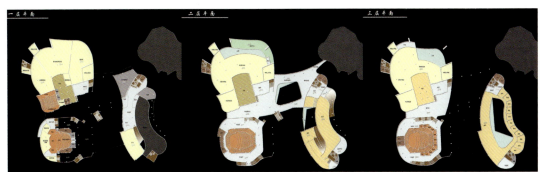

平面图

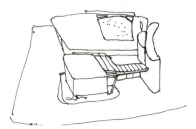

造型概念草图

美术馆外观

位于扬州新城西区的文化艺术中心是一个集图书馆、音乐厅、美术馆为一体的建筑综合体，三者共享着一个"森林"灰空间。它为呼应明月湖大环境而设计，也使环境特色更鲜明、更有趣味，并与原有的双博馆组合形成扬州市的文化艺术集聚区。

扬州文化艺术中心与原有双博馆在功能上和谐互补，在外观造型上形成对话和默契，在寓意上共同升华了"荷塘月色"的境界。设计充分借助明月湖的景观，取景、观景与对景作为设计的重要准则，决定了三大功能的总图位置。最重取景的图书馆面对明月湖，联系三大功能的公共灰空间而形成视线通廊。人工湖通过外部草坪及灌木等景观元素被自然地引入公共灰空间，使得建筑与景观融为一体。

联系三大功能的"森林"灰空间，既是一个公共的门厅，又是一个能观赏湖景、举办户外艺术活动的场所。独特的树枝状立柱支撑起伞状的天棚，给人一种亲切的感觉。市民在这个空间下参与活动的同时，可以感受到特别的氛围和景致，并享受自然与建筑的和谐之美。

灰空间

美术馆大厅

屋顶花园

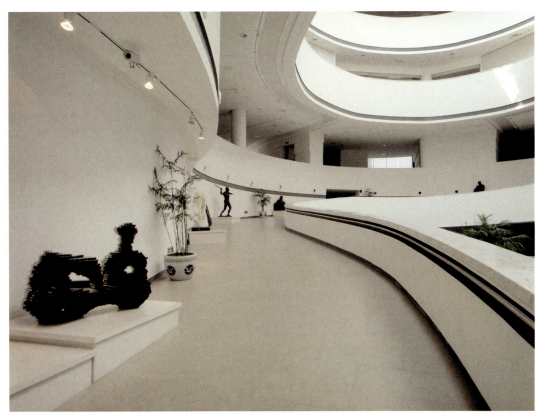

美术馆坡道

透明天棚下的灰空间

建筑群与城市的关系

扬州新区商务办公中心

基地面积：36,960 m²
建筑面积：106,100 m²
设计时间：2005年
完成时间：2009年

2011年度江苏省优秀勘察设计二等奖
2012年江苏省优秀工程设计二等奖
2016年江苏省优秀勘察设计三等奖

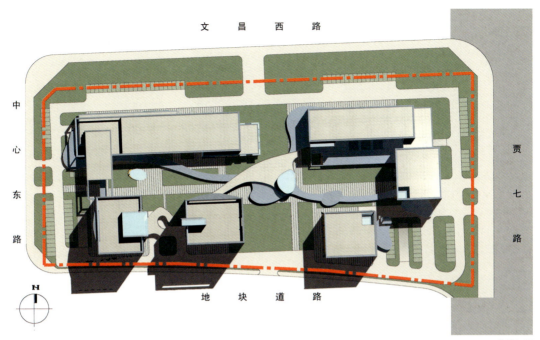

总平面图

建筑群外观

　　扬州新区商务办公中心位于扬州文昌西路，是一组具有标志意义的现代办公建筑群。该建筑设计贯彻事先制定的城市设计理念，打造现代化办公及人性化的开放空间，并提出服务于商务办公资源共享的设计理念。现代办公楼走向集群化，同时实现公共服务社会化，这是该项目的一个突出亮点。

　　构筑公共开放空间并打造办公环境的绿色环保与人性化，是又一设计特色。总图利用地块与文昌西路之间20多米的市政绿化景观带隔离主干道的噪声，6幢建筑前后左右组合时，东西两区建筑之间留出了比例恰当的公共绿地，形成城市的视线通廊。南北前后建筑之间形成了两个不同特色的庭院。同时，严格控制车辆的出入口，在环路上规划并组织好停车问题，确保开放空间拥有理想的步行环境，从而创造一个人性化的办公场所。

　　建筑设计理念强调群体的组合、简约的造型及节能环保，在现代中蕴含地方传统。商务办公中心建筑群高低错落，沿文昌西路展开，成为城市的大门。设计诠释着城市的节奏和韵律，形成一组错落有致的城市剪影。在这里，所有的大楼都运用了同一的模数，通过线条与方格的组合，强调了整个行政中心建筑的整体性，但各幢大楼又不失个性。

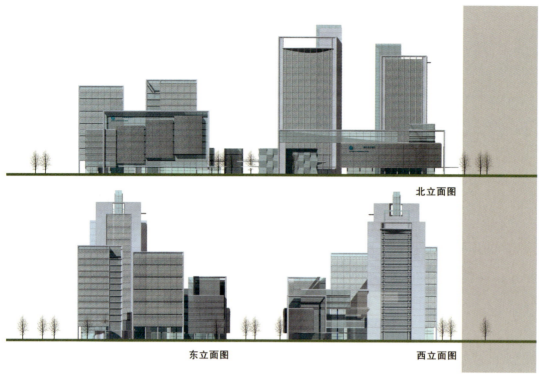

北立面图

东立面图　　西立面图

立面图

庭院

立面

办公楼入口

建筑局部

混凝土加仿金属涂料制作的材质用于立面线条与方格，并配以玻璃盒子、局部铝板、仿青砖花岗岩石材组合，形成从银灰色到深灰色过渡或对比。建筑群在混凝土线条与方格的表皮下既随光影变化又节能遮阳，极富现代气息，又不乏扬州地方特色。

体育公园鸟瞰

扬州体育公园

基地面积：47 hm²
建筑面积：24,800 m²
设计时间：2005年
建成时间：2008年

2006年中国建筑学会建筑创作奖佳作奖
2007年度世界华人建筑师协会优秀设计奖
2007年江苏省优秀建筑设计一等奖
2007年度苏州市优秀勘察设计一等奖
2008年全国优秀工程勘察设计二等奖
2008年江苏省第十三届优秀工程设计一等奖

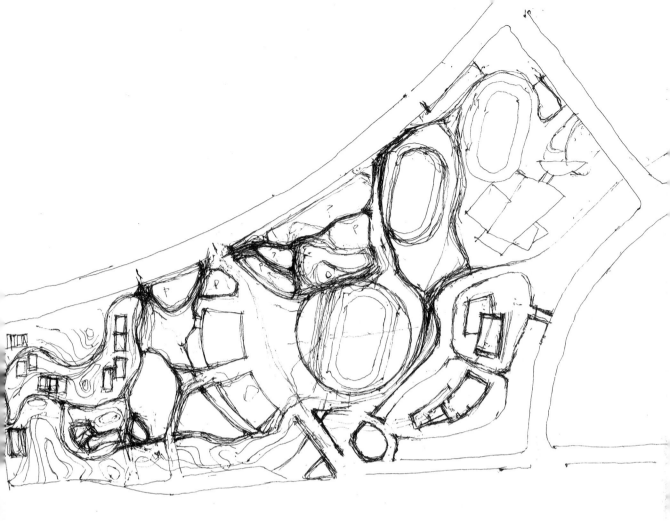

体育公园总平面草图

扬州体育公园位于扬州市新城西区文昌西路北部,东邻沿山河、扬州新区会展中心及双博馆,西接火车站,是一座以体育为主题,集比赛、训练、健身、休闲于一体的公园。由于体育设施都需要较开阔的平地,所以一般城市的体育中心都在平地上构筑,而扬州体育公园地处小丘地带,地形高差达20多米,这无疑是一个比较大的挑战。体育公园的设计抓住当今建筑界的几个主题:节地、节能和生态,经过谨慎的地形分析,从保持原地形地貌出发,我们做了一个因地制宜的总图规划。

扬州体育公园内的主要体育设施包括有6,000座的大型室内体育馆、大型游泳跳水馆以及能容纳3万人的扬州体育场(又称"扬州碗")。

体育场和体育馆、游泳馆都巧妙地嵌入了原有的地形之中,利用洼地辟出必要的运动场地,而洼地四周的坡地正好设计成看台。设计后的总图没有破坏原址的环境地貌和水文特征,保持了场地和周边地带的原有脉络。总图设计在基地内组织了一个立体而独特的车行和人行交通体系,高低错落的绿地景观组成有特色的公共开放空间,并和建筑造型取得默契,最终成为一个名副其实的体育公园。整个体育公园建筑与绿地相互交织,并融为一体,其绿地率高达50%。

体育馆与有机景观形态呼应

扬州市体育馆遵循生态自然的设计理念，从规划开始就与47 hm²的体育公园融为一体，成为市民健身、休闲、竞技、娱乐的场所。体育公园内起伏的地形和自然植被为设计构想提供了良好的创作元素。体育公园规划结合原有地貌，融入地形，突出强调公园的原生自然景观。体育馆位于体育公园的中心位置，公园的至高坡地上，具备比赛、市民健身、演出、集会、商业展览、办公等多重功能。

设计运用各种技术手段来体现节能、环保、生态的核心理念。6,000座的观众席通过独具匠心的下沉式开挖，利用原土层加工成台阶状；座位下配置送风管，利用土层作风道保温，既充分利用自然资源，又节约造价。室内通风系统的组织同样从利用自然和节约能源出发，设计了两套方案：一是在年内的大部分季节里，利用座位和天窗间的气流高压差形成烟囱效应，作自然通风考虑；二是在最炎热和最寒冷的季节必须使用空调时，采用节能的水源热泵系统，并使空调使用尽量控制在人活动的主要区域。

雨水的收集是另一项生态节能技术措施。利用自然地势，将雨水在较高处收集，并在较低处用以灌溉。水压差的利用同样也可以节约一部分能源。由于体育馆位于扬州新区自然地段的一个至高点，因此，在设计构思中考虑在体育馆的顶部抽象地反映出山体积雪的设想，其顶部玻璃在夜间透亮的能源则来自于白天收集的太阳能。

环保和生态的原则使建筑造型力求朴素无华，特别是象征性的山势造型与整体环境相协调。材料上除了大跨度屋顶需要轻质铝板外，其他部分均采用清水混凝土本色或偏毛糙的石材。金属、玻璃和石材的对比成为体育馆展示力度的手法，体现了自然的主题。其内部开辟的大小庭园，使观众厅内不时可以观看室外的绿化景致，同时也满足了自然采光的需求。

体育馆主入口

台阶式绿化屋面

建筑与水的关系

观众厅入口灰空间

观众厅走道

体育馆夜景

比赛厅内场

体育场夜景

扬州体育场

基地面积：12 hm²
总建筑面积：42,000 m²
设计时间：2010年
建成时间：2015年

扬州体育场是继扬州体育馆及游泳馆之后，与体育公园地形融为一体的竞技场所，可容纳30,000人。体育公园遵循生态自然的设计理念，起伏的地形和自然植被为建筑构想提供了良好的创作元素。看台纵向设计也是缓坡的曲线，有的一半隐在坡地中，一半悬挑在空中，干挂清水混凝土板平滑地将体育场的造型极简地勾画得宛如一只巨型飞碟，斜插在起伏的地形之中。

体育场看台

体育场内景

　　观众席的看台随坡就势,并相对周边地形下沉。在体育公园地势高处以及城市道路的视野中,内场草地及看台均展示得一览无余。设计力图将赛事使用功能与平时闲置相结合,同时也作为一种大地城市景观艺术。观众席采用三种不同座位:第一种为绿色的常规成品座位;第二种为自然软型阶梯状座位,这既是生态型座位,同时又将看台打造成阶梯型绿化景观;第三种为自然植草坡,需要时可作为活动观众席。

跌落式花台

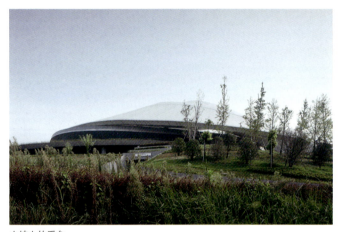
山坡上的看台

侧入口

　　体育场场地西高东低，落差近15m。我们充分结合并利用这一地形落差，设想在坡地上布置观众席看台，采用不对称的看台布置方案，以减少土方量，从而降低造价。而西高东低的不对称看台布置在中型体育场的设计中，这符合大部分观众席坐西朝东的理想观赛视线要求。由于看台利用地形坡地，由疏散厅或广场进入看台后的大部分观众向下走，而少部分观众向上走，巧妙的观众流线组织避免了常规体育场疏散所采用的回廊形式，也使得看台的造型完全展示。

器械入口

草坡

走廊与入口

体育场与新城开发结合紧密

体育场与体育馆的视觉关联

周边走廊

总体效果图

扬州生态科技城核心区规划及城市设计

规划面积：1.94 km²
设计时间：2021—2023年
建成时间：在建

扬州生态科技城是依托扬州高铁东站设立的81 km²的新城板块，承担着扬州"四大中心"的定位，即生态中心、交通中心、科创中心、新城市中心。而核心区则是其重中之重，并通过法定规划纳入其城市设计中，以保障落地。

总平面图

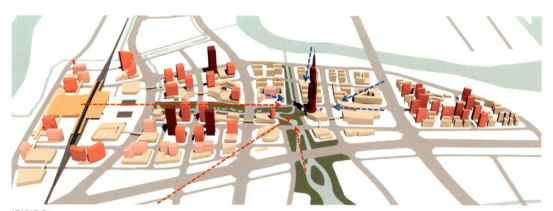

视线通廊

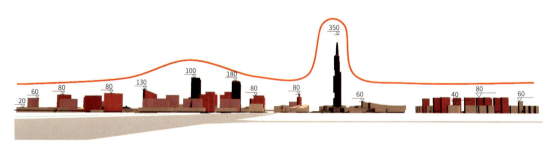

天际线

各等级开放空间

天际线效果

核心区规划结构为"三大功能片区,一条中心轴线,四处地标节点"。三大功能片区即站前核心区、中心湖区及会展综合体。一条中心轴线是指起自廖家沟,串连扬州东站、站前核心区的两栋超高层塔楼、扬州塔及会展综合体四处地标节点,直至三河六岸的东西向轴线。整体形成大疏大密、收放有序的开放空间,特色各异、交相辉映的地标节点,以及层次分明、起伏有致的天际线。城市设计通过竖向功能混合提高建筑密度,塑造"街墙"和立体绿化,布局串连站前至沿三河六岸所有地块的2 km空中连廊等策略,使这个新城市中心成为扬州最密集与紧凑、步行体验最佳、最具标识性的区域之一。

泰州药都

05

　　中国医药城（泰州医药高新技术产业开发区）是中国唯一的国家级医药高新区，坐落于长江北岸的滨江工贸城市——泰州。泰州与南京、镇江、苏州、无锡、常州隔江相望，其东西承接上海、南京两大经济圈，南北连接苏南、苏北两大经济板块，具有明显的区位优势。中国医药城目前已经聚集了600多家国内外知名的医药企业。2009年在完成医药城的总体规划和城市设计之后，未来都市事务所着手设计医药城中心的建筑群，即国际会展交易中心。

会展中心片区建筑群

泰州中国医药城总体规划及城市设计

规划面积：30 km²
设计时间：2008—2011年
建成时间：在建

中国医药城总体规划面积30 km²。总体规划在充分研究医药产业的发展现状及趋势、国内外医药产业园的发展状况，以及泰州城市发展阶段与方向的基础上，科学定位医药城的主体功能，提出科研、生产、会展交易、康健理疗及综合配套五大功能区，试图打造中国产业类型最齐全、产业链最完善的医药产业基地。规划结合医药产业特征探索第三型田园康居城市，运用田园城市理论和城市设计思想提出"康健之都、田园新城"的美好愿景，使其成为国际化的医药产业基地、世界级的康健休闲中心、田园式的生态康居新城。

区位分析图

总体规划图

082　未来都市：走向整体环境营造

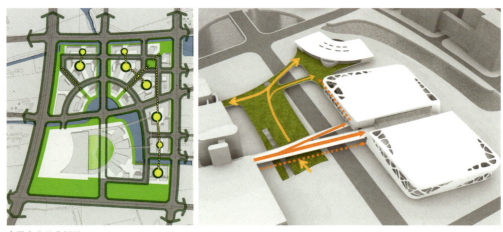

会展商业区分析图

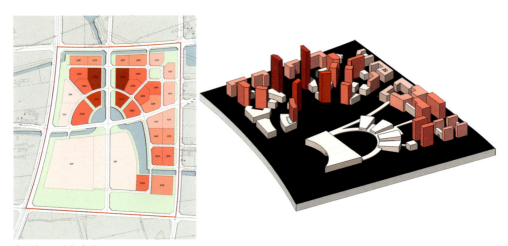

会展商业区内部廊道

沿湖商业办公建筑群

二期展厅东立面

泰州中国医药城会展中心

用地面积：12.5 hm²
建筑面积：163,100 m²
设计时间：2009年
建成时间：一期2013年建成，二期2018年建成

2012年江苏省优秀勘察设计二等奖
2013年世界华人建筑师大奖提名
2013年世界华人建筑师协会设计奖
2018年江苏省优秀勘察设计二等奖
2018年江苏省优秀勘察设计工程二等奖
2018年度苏州市优秀勘察设计一等奖

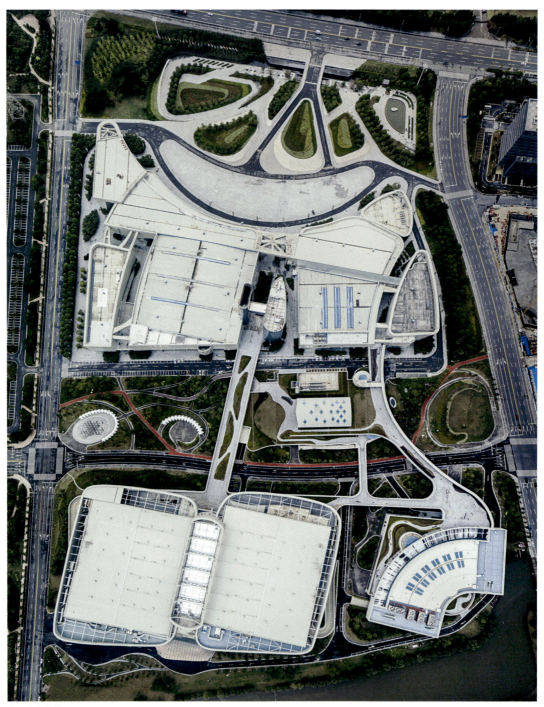

会展中心航拍

　　中国医药城会展中心占地12.5 hm²，分为一期和二期，在规划上充分考虑两期的统筹设计，形成连续、立体的会展空间。设计的宗旨是资源集约、交通合理、形态有张力、参展人性化。会展中心总建筑面积超16万m²，其中一期超6万m²，二期约10万m²。

一期立面概念草图

一期夜景效果图

一期展馆的中心是一个约长100m×宽100m的超大空间展厅，净高15m以上，可满足多种类型的展览需求，另外设有独立的办公区在60m高的塔楼中。作为医药城的核心建筑群，生物及医学成为整个会展中心建筑设计的主题。建筑造型的灵感来自于人体骨骼经络和细胞结构，这个主题从建筑平面到立面的发展中得到抽象表达。整个建筑形成一个立体的空间结构，人体的经脉组织、皮肤被赋予建筑语言中的线和面。大小展厅的结合布置将人体细胞结构抽象地反映在功能布局中，展厅之间的连廊和通道等交通要素是血管和经络的抽象表现。

一期双塔　　　　　　　会展餐饮服务中心屋顶花园与公共连廊

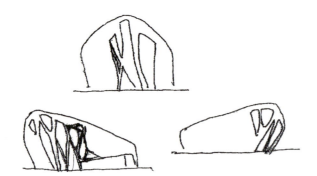

建筑外形意向草图

一期的建筑外墙选用大面积铝板和玻璃幕墙,抽象塑造人体细胞结构。建筑的大体量、体块组合关系和强烈的虚实对比赋予建筑现代感和强烈的个性。

会展中心的内部空间通过大小空间的穿插与结合,形成人性化的展览场所。100 m×100 m的无柱大展厅可以满足多种类型的展览需求。一期展厅一侧随坡道不断升高,在不同标高下伸入展厅,形成休闲平台,丰富了原本空旷的展厅空间。办公空间相对集中在中部,形成一个60 m的制高点,打破了建筑长而平直的轮廓线,同时顶层设置景观餐厅,将场地周边的美景尽收眼底。

从室外连廊望展厅东入口

一期展厅内部空间

二期会议中心

室外通廊与二期展厅

二期主入口

建筑与绿化结合细部

立面细节

在一期基础上，二期工程将增加3个建筑，包括四个1万m^2的展厅、一个可以容纳3,000人的会议中心，以及一个为会展服务的餐饮商业区。建成后这里将形成集博览展厅、会议及相关会展配套服务于一体的会展综合体。

二期建设中的空中连廊跨越了市政车行道路，将一、二期的展厅相连，确保到达会议中心及服务区步行距离最短，避免车行干扰。空中廊道不仅将会展区域的功能整合起来，使交通更为通畅，同时，它也是联系公共景观的廊道，从地面延伸到屋面，并穿梭于各建筑空间，跨越城市空间，形成了一个立体的街区公园。在非展会期间，这个公园对市民开放，成为医药城的一个重要的公共开放空间。

二期展厅入口大厅

二期会议中心室内

二期会议中心门厅

二期展厅中庭

建筑群鸟瞰效果图

泰州医药高新区数据产业园

用地面积：5.3 hm²
建筑面积：352,000 m²
设计时间：2014—2015年
建设时间：四、五期已完成，六期在建

  泰州医药高新区数据产业园的四、五、六期工程位于泰州大道以东、药城大道以南的会展交易区域内。四、五期地块东临会展路，南临曙光路，西侧为已完工的数据产业园二、三期工程。六期地块位于四、五期地块以北，东临会展路，西侧为已完工的数据产业园一期以及移动大厦。项目功能定位以办公及公寓式酒店为主，集休闲、文化、商业、康复、医疗、体检为一体。

建筑群与会展中心的呼应

与会展中心建筑群之间有机形态的延续

建筑群夜景效果图

建筑造型及高度考虑和周边建筑的对话关系，完善并强化城市轮廓线，扇形裙房与弧形空间呼应，高层形体沿用强化城市轴线的对称空间，超高层的形体在均衡中鹤立。建筑自南向北由低到高，结合城市界面需求和已建建筑之间的视线关系，设计从板楼的舒展到板点结合，直至区域标志性最高形体的出现。裙房设计因医药联想到的人体经络，将其抽象组合成现代时尚立面，和会展建筑形体对话。高层建筑则设计简约，采用硬朗的竖向线条，用对比的手法打造刚柔并济的现代建筑群。

广场与水景效果图

整个产业园与公共开放空间之间有紧密的衔接，包括四、五期建筑沿环形广场的全方位人行出入口，预留下沉空间与南部会展区对接，设立联系四、五期与二、三期建筑以及四、五、六期之间的空中连廊，预留六期建筑与在未来同样是门户标志性建筑之间的过街天桥，进一步强化该区域立体的步行系统。

四期建成实景

四期外景

外观效果图

泰州妇幼保健院

设计时间：2017年
用地面积：5.84 hm²
建筑面积：12,000 m²
建设时间：在建

生命之初，美好而脆弱，"拥抱"是给予新生最好的方式。这个理念催生了我们的设计创意，即"拥抱生命"和"拥抱自然"。我们的设计目标是以"妇幼"为中心，探索高效、便捷的绿色医疗综合体。

为打破传统医疗公共空间的冷峻形象，让挂号、交费、就诊等候时的焦急心情平缓，我们设计宽敞、灵动的室内中庭，以深远、遮阳的灰空间廊道，衔接庭院景观与下沉庭院的公共商业服务，人性化地布置银行、轻餐饮餐厅、鲜花礼品店、婴幼儿用品店、24小时便利店、儿童娱乐角、阅读角、网络查询区等，为患者及家属提供方便、放松的区域，探索具备"情感健康"的康复环境的医疗建筑设计理念。

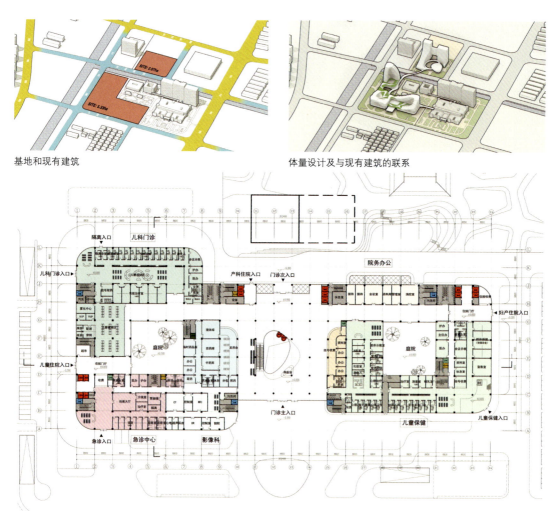

基地和现有建筑

体量设计及与现有建筑的联系

首层平面图

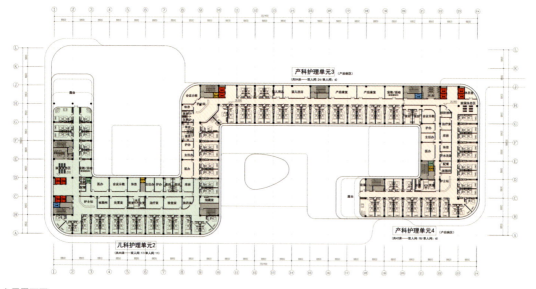

六层平面图

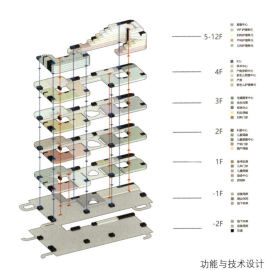 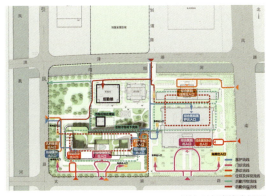

功能与技术设计　　　　　　　　　　　　出入口与流线分析图

中庭效果图

设计方案将妇幼保健院与健康管理中心、东部综合医院、北部研究与诊断中心等周边已有建筑做综合研究。尊重东部综合医院的南北轴线，强化南北关系；充分利用现有的景观资源，设计形体对应公共空间以获取绿化；L形体的围合加强了城市界面，由低到高整合出丰富而有层次的城市轮廓线。建筑造型南低北高，东低西高，两组形体形成螺旋上升的空间，降低了风环境及城市噪声的负面影响；同时，下沉庭院与立体绿化形成多个烟囱效应，有效降低室温，换取夏季凉爽环境。

针对用地紧张和分期实施的要求，妇幼保健院与健康管理中心主楼的就诊区及住院空间完整独立，但医护互通，并通过地下与空中连廊互通，形成一个医疗综合体。妇幼保健院的门诊、手术、住院三大功能由下至上叠加设计，运用中庭、室外庭院及屋顶花园来过渡和隔离各功能空间，使其独立完整，动静分离。

儿童活动区

中央转换大厅

下沉花园

主要空间节点设计

病房设计

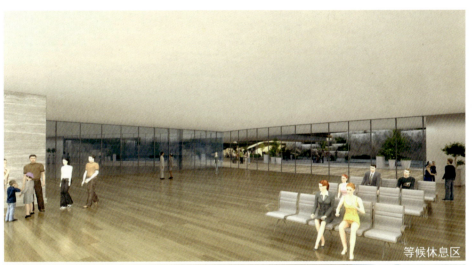

等候休息区

二层空中连廊

主要空间节点设计

昆山杜克

06

昆山位于上海和苏州之间，以其独特的地理优势对外资产生极强的吸引力，加上重商而开放的施政环境，在中国改革开放浪潮中一步步崛起，常年位居中国经济百强县之首。昆山的外向型特征也推动城市在文化和教育领域进一步国际化。2010年前后，昆山政府与杜克大学、武汉大学联合筹办昆山杜克大学，率先引入美国顶尖名校的教育体系，成为中国改革开放的又一个亮点。未来都市参加了杜克大学校园第一期景观规划设计项目国际竞赛，所做方案获第一名并被采纳实施。在接下来的十几年中，团队相继设计了校园的一期、二期和三期，接着设计由政府兴建的比邻校园的杜克花园。未来都市兼具美国（特别是杜克大学所在的北卡罗来纳州）的设计经验和对苏州本土人文环境的深刻了解，使我们得以在甲方与合作方的支持下大胆探索城市设计与景观设计的前沿。围绕"水"，我们创造了一个可持续化的校园生态体系，与杜克大学的教育理念和社会责任吻合，成为昆山杜克大学的亮点。在杜克花园，我们推进场地保护和韧性提升，使这座新型公园成为健康生活与自然共生的绿洲。

昆山杜克校园鸟瞰

昆山杜克大学

基地面积：80 hm²
设计时间：2010年至今
建成时间：2014年一期建成，
2023年二期建成

美国"能源与环境设计先锋奖"（LEED）白银级认证
国际景观建筑师协会（IFLA）2024年度建成项目荣誉奖
欧洲设计奖2024年度金奖
世界景观建筑学（WLA）2024年度城市设计优秀设计奖

校园航拍

昆山杜克大学是由杜克大学（美国）、武汉大学（中国）、昆山市政府（中国）联合创办的新型高等教育学府，校园位于昆山市高教园区杜克大道北侧，总规划用地面积约80 hm²。其中，一期占地约15.5 hm²，于2014年启用；二期占地约19 hm²，于2023年建成。未来都市事务所于2010年参加校园第一期景观国际竞赛并获得一等奖，自此连续主持第一、二、三期的校园景观规划与设计。

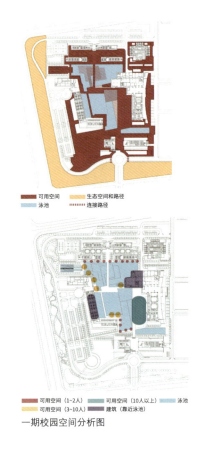

一期校园空间分析图

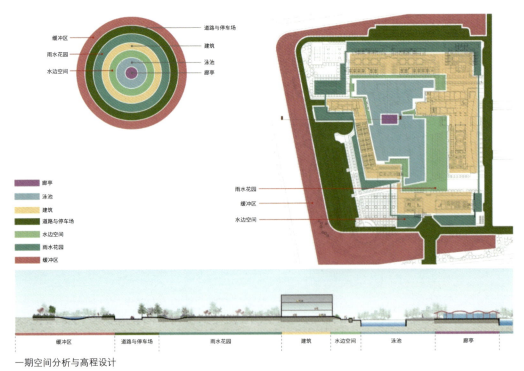

一期空间分析与高程设计

泳池　植被屋顶　地下水流
生物保持设施　地下储存　地表水流

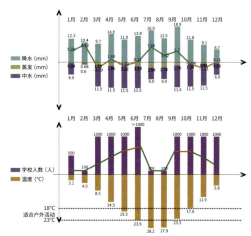

月度降水量、温度与校园使用状态关系分析图

水流方向　地下水
地面水

一期水循环流程设计

昆山杜克大学的景观设计理念以"水"为空间与景观的核心，融合江南本土景观元素，打造可持续的韧性生态体系。其中一期包含以商学院为主的学术中心、会议中心和宿舍区，其景观围绕利用雨水循环形成的中央景观湖，有机地组织公共空间，同时把握季节与时间对空间和景观的影响，开创性利用基地条件形成独特的地域性景观。设计巧妙利用南方四季的水位变化，产生不同的室外空间效果，并设置移动景观装置，使校园成为随着季节脉动的"活的风景"。

一期校园围绕中央景观湖的景观设计，目的并不仅局限于使其具有观赏性和创造多层次的室外空间，更在于在整个校园范围内建立一套完整的雨水收集、调节、处理和再利用的复合功能系统。这是一个更大尺度的生态设计，而中央景观湖是这个系统的"指挥中枢"和最后的"检验平台"。

校园循环系统收集整个场地的雨水，从为数众多的屋顶花园和道路汇集的雨水经过花园的初期节流，流入地块西侧的一串链状的花园池，在这里进行一系列生物净化程序，然后进入以微生物为媒介的地下渗滤系统。当水体最终以流水瀑布的形式出现在会议中心和宿舍区之间的清水花园时，水质已达到Ⅳ类水标准，可供人观赏和接触，之后再流入中央景观湖。除了生态水体的设计，景观设计还采用其他生态设计元素，包括绿色屋顶、可透水铺地、可循环材料、太阳能板光源和地热能源等节能减排措施，让昆山杜克大学校园成为低碳环保的典范。

汛期

正常时期

干旱期

中央景观湖在不同季节的空间变化

一期景观效果图

一期宿舍楼

一期中央景观湖面

一期学术楼入口水景

校园二期景观

二期包括图书馆、社区中心、武大—杜克研究院、体育馆和学生公寓等15万m²的建筑，校园绿化率达到35%，整个校园90%的绿地灌溉使用回收处理过的雨水。

昆山杜克大学校园是生态设计的先驱，是中国首个获得美国LEED认证的大学校园，也是全国首批海绵城市示范项目，被收录进《海绵城市建设典型案例》一书。

二期教学楼及景观

广场与花木凉棚

校园二期建筑群

从信息中心看广场景观 照片来源：昆山杜克大学

图书馆屋顶花园 照片来源：昆山杜克大学

学生宿舍区　　　　　　　　　　　　　　　　　　　　　　　照片来源：昆山杜克大学

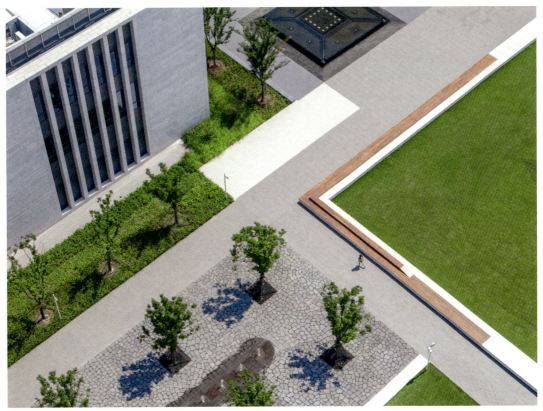

路面、铺地与草地细部　　　　　　　　　　　　　　　　　照片来源：昆山杜克大学

花园中心水体鸟瞰效果图

杜克花园

规划面积：28.9 hm²
设计时间：2018年
施工时间：2019年9月至今

国际SITES（The Sustainable Sites Initiative，场地可持续性行动计划）铂金级预认证

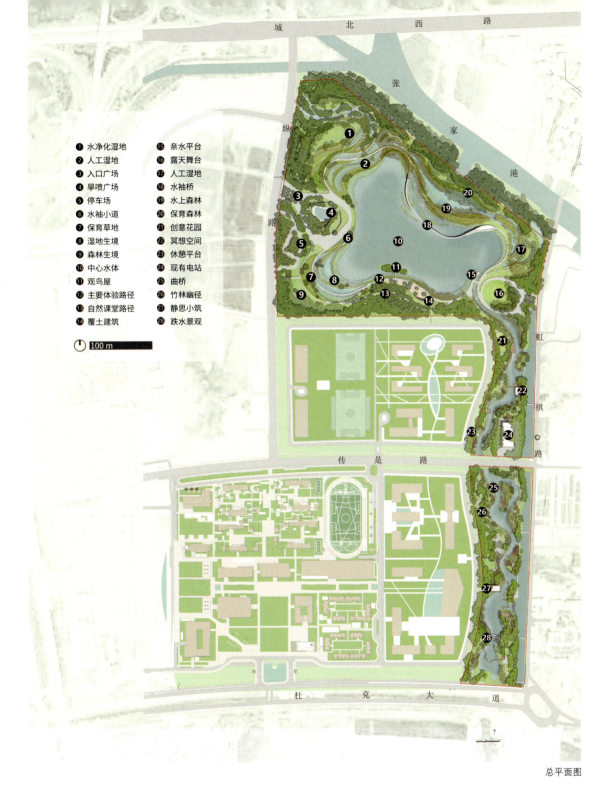

❶ 水净化湿地	❺ 亲水平台
❷ 人工湿地	❻ 露天舞台
❸ 入口广场	❼ 人工湿地
❹ 旱喷广场	❽ 水袖桥
❺ 停车场	❾ 水上森林
❻ 水袖小道	❿ 保育森林
❼ 保育草地	㉑ 创意花园
❽ 湿地生境	㉒ 冥想空间
❾ 森林生境	㉓ 休憩平台
❿ 中心水体	㉔ 现有电站
⓫ 观鸟屋	㉕ 曲桥
⓬ 主要体验路径	㉖ 竹林幽径
⓭ 自然课堂路径	㉗ 静思小筑
⓮ 覆土建筑	㉘ 跌水景观

总平面图

杜克花园位于昆山杜克大学校园东部与东北部，占地约28.9 hm²。杜克花园设计须应对两大挑战，首先是如何通过设计修复遭到破坏的场地特性，还原生态活力，提升水质，增加生物多样性；其次是如何在缺乏设计依据的情况下赋予杜克花园新的、鲜明的场所精神。

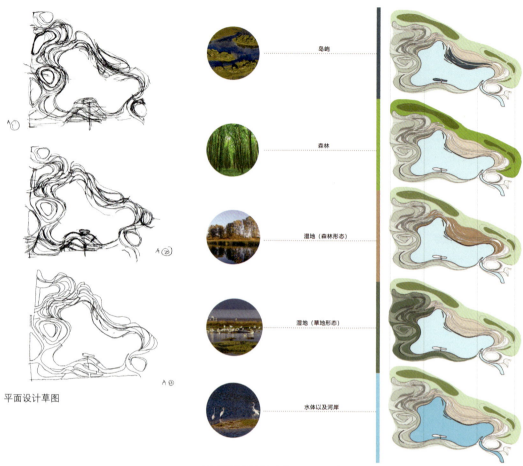

平面设计草图

不同种类的栖息地形成不同景观形态,构成微生态系统

禅意竹苑

滨水步道

水上森林效果图

冥想花园

昆山杜克花园延续了中国江南园林的情境塑造方法：它没有简单地复制杜克大学在美国本部杜克花园的形式或元素，而是在精神传承的基础上，通过广泛了解场地文脉，深入挖掘场地潜力，形成根植于本地的景观解决方案。人与自然的关系是随着历史与文化变迁的，"花园"的内涵也随之拓展。杜克大学本部花园的历史发展为昆山杜克花园的设计设定了坐标，而新的情境塑造过程则立足于江南水乡的区域背景。

杜克花园项目也让我们有机会重新审视"花园"这一古老的景观类型。麦克哈格在《自然不止于花园》中曾说，与其他设计类型相比，花园是在做一种简化的工作，在其创造过程中排除了很多自然现象。昆山杜克花园的设计试图将多种景观生态浓缩于花园之中，这证明二者未必互斥。设计团队不仅借助延时性考察，给出了一个跳出追求静止与永恒之美的传统花园的局限而去拥抱"时间与变化"的设计方案，同时也在异地性考察中思考了"花园的当代意义"。这些思考促使设计师尝试对花园精神作出基于场地特征的诠释，并在在地文学考察的辅助下，实现了生态景观的系统化布局。

水袖桥效果图

07 金陵新姿

　　南京作为中国历史上的六朝古都，人文遗产自是数不胜数，同时这个城市也与大自然水乳交融，得天独厚。李白有诗句描绘金陵，"三山半落青天外，二水中分白鹭洲。"未来都市设计事务所在南京及其周边城市的数个设计项目中，贯穿了城市规划、城市设计、景观设计和单体建筑等各个尺度，但每个项目都力求与自然对话，以柔和的设计手法通过人工景物的营造微调并强化生态体系。麒麟生态中央公园经过十多年的建设，逐渐成为一个蓬勃发展的科技新城区的客厅与绿肺，在高新区生物医药谷的若干建筑与景观项目成为科技与人文环境融合的注释；溧阳南部新城总体规划及核心区城市设计展望远景，在依山傍水、风光旖旎的天目湖畔打造休闲商务度假的山水城市。

公园生态廊道跨越交通干道

南京麒麟生态公园

规划总面积：约5 km²
设计时间：2010年
建成时间：2015年

　　麒麟生态公园位于南京市麒麟科技创新城中部的核心区内，处于连接紫金山和青龙山的生态廊道之上，西北以绕城公路为界，距紫金山约1.5 km，东南到青龙山山脚，总面积超120 hm²。百水河、运粮河从其中横贯而过，宁芜铁路、京沪铁路分别横切其北部与中部。此外，明都城外郭遗址土城头路也从其中部穿过。景观规划总长约5.4 km，其中启动区景观设计约14 hm²已基本建成，一期约40 hm²，二期约68 hm²。麒麟生态公园属于生态化低密度开发区，是麒麟生态科技创新城生态功能的重要承载区域。未来麒麟生态科技创新城将成为功能复合的现代化科技创新城区，而此公园则是整个生态科技创新城的中心区，两侧将主要布置研发用地和商业用地。

总平面图

启动期地段鸟瞰效果图

建设中的麒麟生态公园和周边城市开发

从公园看新城区

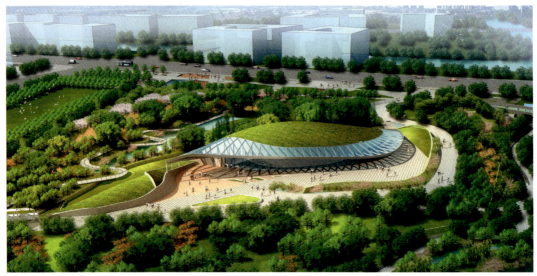

游客中心效果图

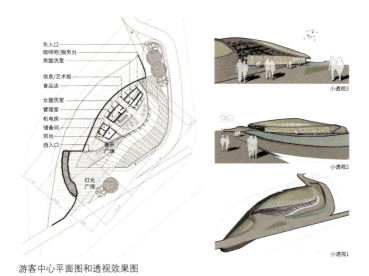

游客中心平面图和透视效果图

展示麒麟生态科技创新城的科技生态形象，为整个南京市提供大型展示和活动场所，体现大南京形象，是麒麟生态公园的三大设计目标。麒麟生态公园立足于服务周边居民、市区休闲人群及城际游客的人本思想，公园运粮河示范段鼓励人与人、人与自然的交往，在设计中根据不同群体的活动需求来进行设计。此外，设计通过有效管理水资源、保护和修复自然植被、使用当地材料等生态原则，以及使用可再生能源、使用高效供热制冷和采光系统、创新交通选择等科技手段来最终达到设计目标完美实现的目的。

公园内绿地设计

景观与视线

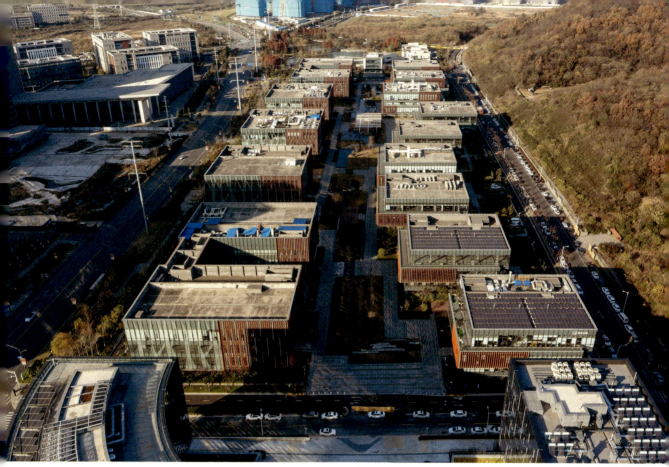

园区鸟瞰

南京生物医药谷树屋十六栋

占地面积：7.25 hm²
设计时间：2016年
建成时间：2018年

该项目总占地面积7.25 hm²，位于南京市高新区生物医药谷研发区，周边地势错落有致，自然景色静谧秀丽。本项目面临着如何做好自然山水的融入、城市空间的衔接，以及如何将医药谷文化对健康的理解融入到现代办公方式当中的问题。

项目围绕健康生态的文化内涵，有机地组织了四个关键性的因素（形象、可持续低影响、活动需求、经济性），构成一个整体的平衡。设计营造了同心圆空间体系：周边景观空间、道路停车场绿化空间、边界绿化空间、建筑空间、活动空间，这五种空间类型由外到内一环一环构成了项目基地；同时将活动空间划分为四种——1~4人停留空间、5~10人停留空间、10人以上停留空间及入口礼仪空间，用环形的交通流线来串连各个空间，打造了珍珠项链一般的空间结构。

总用地面积：72,498.3 m²
绿化面积：23,916.0 m²（不含水体）
绿地率：32.99%

1 北入口广场
2 南入口广场
3 东入口树阵广场
4 中心活动区 + 构筑物
5 流水池
6 块石水景
7 水上休憩平台
8 花坛草坪

9 活动木平台
10 宅间休息平台
11 外围常绿林
12 散步道
13 建筑次要出入口
14 停车位
15 宅间共享区
16 庭院区

总平面图

中心区效果图

园区入口

水庭内岩石景观引导视线与流线

建筑物倒映在水景中

水庭与建筑群关系紧密

中央水庭

会展展厅外观

南京生物医药谷研发中心

基地面积：22,060 m²
总建筑面积：52,970 m²
设计时间：2013年
2017年度鲁班奖

　　南京生物医药谷研发中心的设计宗旨是力求经济合理、以人为本，在此基础上进一步挖掘项目的场所精神、行业文化，并充分满足业主要求，使其成为南京浦口区具有影响力的标志性建筑。

　　本方案设计灵感源于"生长"的概念，依基地形状，建筑从南至北生长开来，由从短到长的五个体块组合而成，从形体上体现了生长的态势。在建筑的使用功能上，我们也贯彻"高效建筑"的理念，通过空间的多元化使用，将会展办公和商业休闲功能完美地组合在一起，功能与空间共享，增加了使用率。此外，建筑与城市及景观的融合，也在设计概念中体现出来。建筑紧随基地情况而生成，并且通过建筑表皮和基地景观的设计，建筑在基地中"锚固"得更加合情合理。

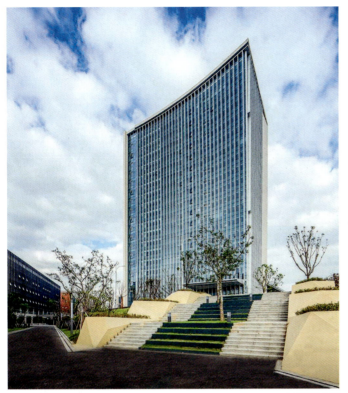

办公塔楼外观

室外空间

会展中心内部

南京生物医药谷研发中心主要由办公塔楼和会展展厅两部分组成，基地主要通过西侧两个车行入口和东南侧人行入口进入，西南侧为办公入口，正西侧主要提供后勤服务，东南侧人行入口结合东南侧景观广场是会展展厅大批人流集散的场地。展厅的入口主要设在建筑的东南面，巨大的雨篷形成了入口的灰空间，造型大气。

核心区鸟瞰效果图

溧阳南部新城总体规划及核心区城市设计

规划面积：120 km²
规划时间：2011—2012年

基地位于溧阳老城南、天目湖北，整体地势西高东低，龙蟠山雄踞西侧，东侧地势平坦，水系纵横。考虑到基地优越的自然条件和生态资源，规划从生态适宜性分析入手，梳理区域交通条件，结合天目湖景区两大水库的地理位置，将新城中心置于基地中部。同时，将原有沿湖岸线开发的游憩功能整合引入新城中心，保护天目湖沿湖生态岸线，形成一处富有活力的城市RBD。同时利用现状水体打造人工湖泊，将自然山体风光引入新城核心，营造"十里青山半入城"的优美意境。

金陵新姿 119

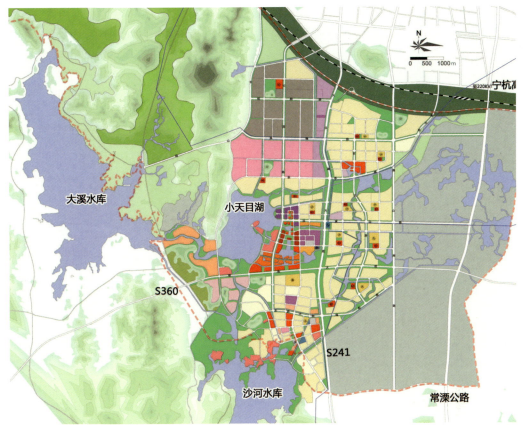

总体规划图

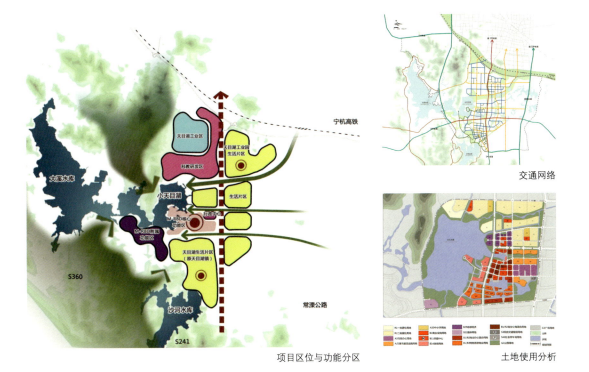

项目区位与功能分区　　　　　交通网络　　　土地使用分析

核心区城市设计

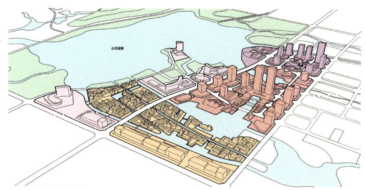

核心区城市设计分区

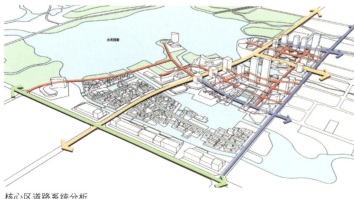

核心区道路系统分析

核心区城市设计关注如何创造出山、水、城之间的"对话",通过精心的高度控制,面向山体一侧形成连续且统一的城市轮廓线,建筑群高度面向人工湖逐步降低。同时,完善核心区内部水网体系,营造丰富多样的小型开放空间,与人工湖泊有机融合,整体创造出一个可增进交流、绿色休闲、功能复合的特色空间。

金陵新姿 121

核心区城市设计效果图

核心区城市与湖面的关系

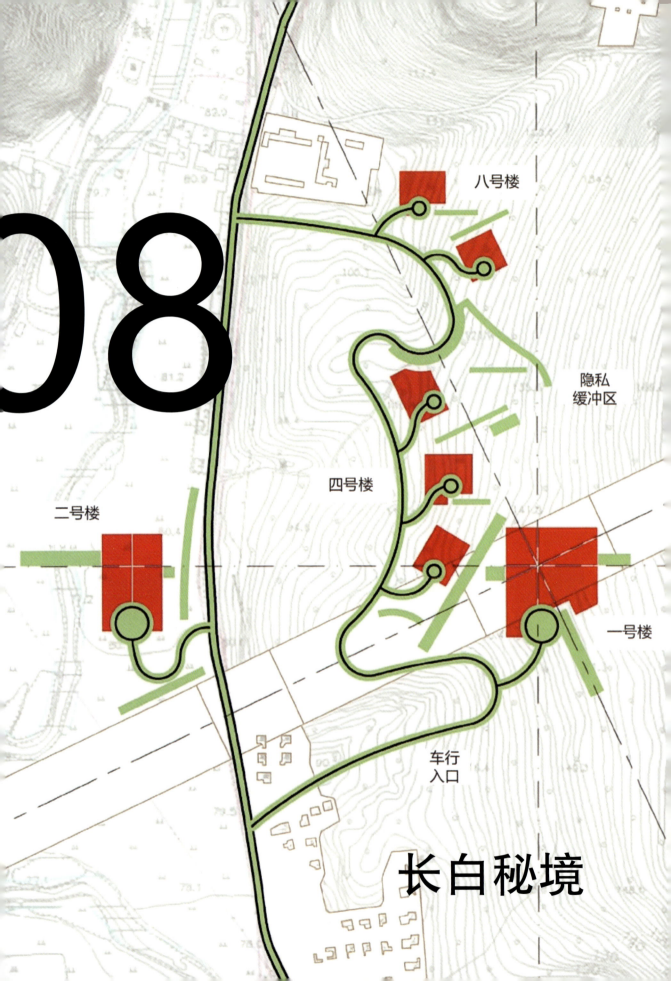

东三省是一个"雄山托天地,林海藏珍奇"的地方。以长白山为代表的大自然给人以天地悠悠、壮阔超凡之感,"举手可近月,前行若无山"概括了自然景观的雄浑超脱。未来都市设计事务所相继参与了长春国宾馆、沈阳国宾馆、第十二届全运会接待中心、长白山风景区等项目的规划与设计。在这一系列项目中,我们持续探索大规模公共建筑与大尺度自然景观的融合,从中挖掘东北独特的人文环境特征,并以新的建筑形式呈现。

鸟瞰图渲染

宝马古城

规划面积：712.22 hm²
设计时间：2014年

长白山宝马古城隶属于吉林省延边朝鲜族自治州安图县二道白河镇，与长白山保护开发区池北区相接，是进入长白山北坡的必经之路。由于紧邻长白山国家级自然保护区，宝马古城周边被大片的原始森林所包围。

考虑到宝马古城独特的地理位置与自然资源，本次概念规划以策划纲要中提出的八大功能区为基础，综合分析各类功能，并根据不同需求和定位将其归纳梳理，便进一步优化宝马古城的内部空间。

❶ 遗址公园
❷ 兴国灵运王庙
❸ 神坛广场
❹ 服务接待中心
❺ 旅游文化商业
❻ 画家村
❼ 家庭旅馆
❽ 综合服务接待区

中心区景区总平面图

　　围绕遗址公园，形成了一心、一轴、两园、多片的规划结构。"一心"指遗址公园核心，"一轴"指中央景观轴，"两园"指位于基地中轴南、北两侧的自然公园，"多片"是指基地内部的多个功能片区。规划在策划纲要的基础上，进一步归纳梳理，形成了入口区、居住疗养区、旅游度假、古城文化区、旅游综合服务区、配套服务区、民俗风情区、低密度住宅区、高端休闲区、寺院禅修区、生态保育区和公园康乐区12个分区。

　　为保证度假区开发建设的有序进行及健康发展，规划确定了适宜的建设时序。一期以宝马古城为发展核心，完善园区联外路网结构；二期构建度假区主要交通路网结构，并沿道路形成功能组团；三期完善组团内部路网结构，部分道路可根据实际情况弹性设置。

126　未来都市：走向整体环境营造

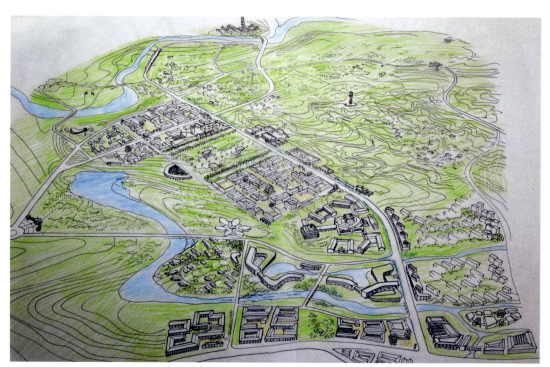

总平面鸟瞰草图

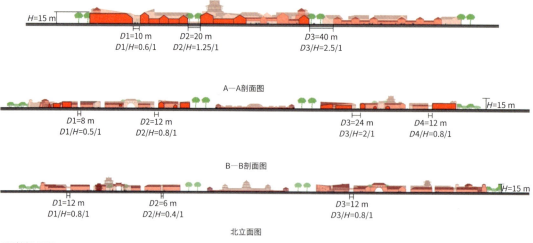

系列剖立面图

夜景意向

雪景意向

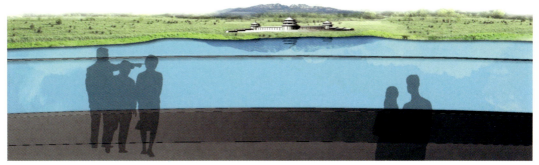

隔湖对景

夜景效果图

长白旅游商业文化街区

规划面积：11 hm²
规划时间：2014年

该项目位于吉林省延边朝鲜族自治州安图县二道白河镇，旨在打造具有中国传统文化氛围的街区。盆景是中国人文文化的载体，中国人创造盆景，以小见大，将山、水、人、树等融在一起，形成一个整体。我们的街区也是通过河流、树木、建筑、人形成一个完整的集合体。

内外景观融合

本项目是以水元素为媒介，在基地内部因地制宜打造一个小型水文化步行环形系统，从场地南边最高点起源，引水于二道白河，重现天池瀑布场景，沿水创造出许多水文化主题空间，由南自北分别是水景瀑布观景广场、畔水庭院、临水茶榭休闲空间、傍水小巷步行街道，以及商业区的亲水广场和结合自然的滨水公园，水灵动地贯穿每个空间，柔化了内部的尺度，营造出一种和谐、统一、自然的场所。内部建筑追寻乡土性：布局与材料等都有东北汉族、满族民居建筑的地域性特点。整体性、乡土性、场所精神、地域建构，是这个独一无二的盆景街区的重要特征。

建筑、庭院与水景

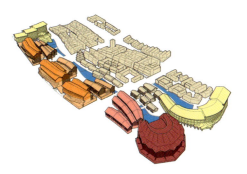

体量与功能分析

街区中央景象

总体鸟瞰实景

辽宁省第十二届全运会接待中心

总建筑面积：27,775 m²
设计时间：2011年
建成时间：2013年

这是为辽宁省举办全运会而建设的接待场馆，坐落在环境优美的沈阳市辉山风景区内。项目始于对整个建筑群在山地上的规划排布，力求与山坡地势融为一体，既取得最佳朝向又求得最大景观面。

一号楼鸟瞰

一号楼（总统楼）位于辉山西坡，四周森林茂密，地势东高西低，西部及山下有较佳风景。建筑坐北朝南，强调轴线礼仪感和楼前场地的围合感，体现总统楼的庄重和礼仪性，并力求获取最好的日照朝向，使山体、森林、风景与建筑完美融合。二号楼结合山体引入山体溪水，它既是室外景观的重要元素，也是本建筑从室外至室内叠水设计的重要特色。

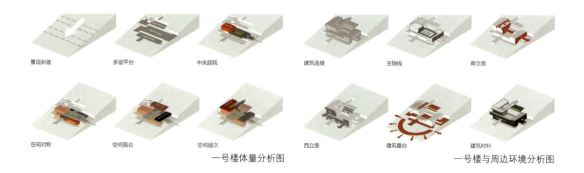

一号楼体量分析图　　　　　　　　　　　　　一号楼与周边环境分析图

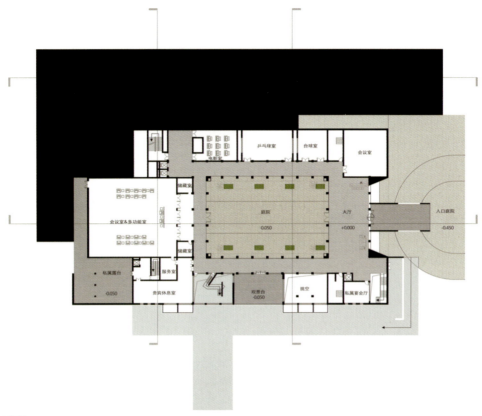

一号楼平面图

一号楼立面图

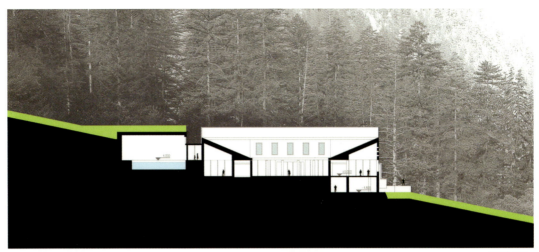

一号楼剖面图

一号楼入口

一号楼门厅

一号楼屋顶平台

一号楼庭院夜景

四号楼

四号楼结合山体引入山体溪水,它既是室外景观的重要元素,也是本建筑从室外至室内叠水设计的重要特色。四号楼的设计突破常规,综合考虑周围环境及地形条件,达到山、水、林、建筑的完美结合,兼顾先进性与舒适性。

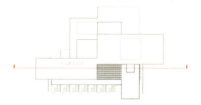

四号楼效果图

四号楼剖面图

四号楼平面图

四号楼入口

六号楼与八号楼

六号楼为了尽可能地保护原始地形与植被,在设计过程中着重考虑建筑与环境地形的契合关系,使整个建筑物犹如镶嵌在山体中的巨石,引入山体的景观。最大限度地取景,是建筑总体布局的出发点。

八号楼以环境作为切入点,对树木以保护为主,建筑设计从属于环境设计,摒弃个性张扬的手法,从现状生长的空隙里找到建筑存在的空间。

六号楼入口

六号楼休息厅

六号楼主卧

六号楼主卫

八号楼入口

八号楼咖啡厅

09

山城江北

重庆是中国最具地理特征的大城市之一，三江汇流，连绵的山峦耸立江岸，形成独特的地理与人文景观。悠久的巴渝文化与近代工业化的历史使其倍添魅力。与自然高度融合、与地形相辅相成，是未来都市设计事务所自扬州一系列项目以来长期奉行的设计理念，在重庆市的城市设计、建筑设计和景观设计项目中得到充分体现。这个设计理念逐渐上升至对生态的全面性认识，即在中国西南独特的气候和地理条件下，如何提供生态可持续、低碳减排的设计解决方案。这样的方案不一而同，但均能与本土、乡土的建筑和景观水乳交融。

总平面图

重庆盘溪河文化街区

规划面积：6.6 hm²
建筑面积：99,660 m²
设计时间：2016年

　　该项目所处的盘溪河流域位于重庆江北区，毗邻玉带新城。本案以"打造傍山枕河的生态文化产业带"为设计目标，并采用以下设计策略：通过充分结合并利用地形地貌，融合建筑与景观；利用及改造独特的溪河岸线，沿盘溪河打造多层次立体开放空间；保持原生态自然景观，形成带状城市公园；传承巴渝建筑与休闲文化，开拓新型创意文化商业活动场所。同时，本案提炼重庆传统民居吊脚楼建造特点并将其用于建筑设计，以更好地适应环境，使之具有鲜明的地域特点，形成传统与现代的对话。

山城江北　141

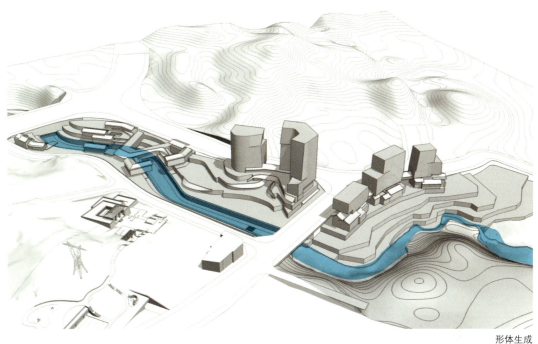

形体生成

组团一透视

　　商业开发方面，沿河设置亲水空间聚集人气，并通过垂直交通将人流引入商业街区；商业街区临河展开，避开车行干扰，与亲水空间结合为连续的步行街区；建筑设计利用地形，增加沿河建筑层数，形成立体开放空间，从而增加了商业界面；建筑在空间上连续，形成富有变化的立体商业街区，具有良好的商业氛围。

组团二街景

组团二透视

组团三鸟瞰

组团三水景

整体效果图

重庆寸滩城市更新

| 规划面积：6.6 hm²
建筑面积：99,660 m²
设计时间：2018年

该项目南邻长江，西邻双溪河，与南岸区洋人街相对，同磁器口古镇东西分立。寸滩作为古码头，是重庆码头文化的一道缩影。本案以"重塑具有巴渝文化艺术缩影的寸滩老街"为设计目标，在设计过程中采用了保留古街道肌理、保留原有部分建筑、重建四合院、延续原有古街肌理、梳理地块内街巷关系和保留原有古树名木等设计策略。

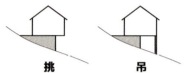

重庆乡土民居形式

街道与观景平台

地势高差处理方面：整个场地的地势高差达20 m，通过前店后仓、上店下库的设计策略将地下车库与建筑相结合，以此最大限度地利用场地内地形特点，提高商业空间利用效率。

开放空间设计方面：以寸滩观江阁为核心设置中心广场，汇聚人气；纵向轴线顺山势而下直达水畔，与滨水空间交汇处的开放空间为游人提供休憩场所，最终形成沿袭历史、自然生长的整体肌理。

传统巴渝风貌营造方面：设计提出巴渝山地建筑营造十八法，巧妙地处理了建筑与山地的关系，并通过不同的街巷高宽比营造出宜人的寸滩老街风貌。

山城江北　　145

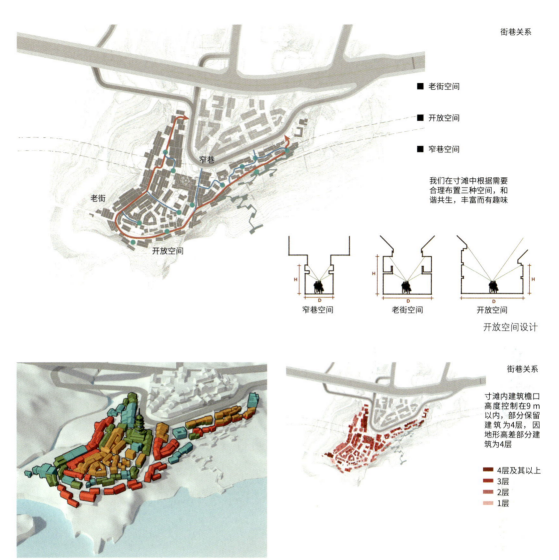

街巷关系

■ 老街空间
■ 开放空间
■ 窄巷空间

我们在寸滩中根据需要合理布置三种空间，和谐共生，丰富而有趣味

开放空间设计

街巷关系

寸滩内建筑檐口高度控制在9 m以内，部分保留建筑为4层，因地形高差部分建筑为4层

■ 4层及其以上
■ 3层
■ 2层
■ 1层

建筑业态分析　　　　建筑布局与高程控制

购物街区

传统老街

鸟瞰效果图

重庆特钢厂文化产业园

规划面积：18.2 hm²
设计时间：2018年
合作单位：苏州科技大学

  重庆特钢厂文化产业园位于重庆市沙坪坝区，以"梦（青年创业梦想）·工（特钢工业精神）·园（城市休闲与生态文化乐园）"为核心设计理念。"梦"代表本区承载影视、艺术与文创青年的创业梦想。"工"代表特钢工业精神的延续，是空间体验的核心基调，隐喻本区将成为创意文化生产的新基地。"园"代表本区并非传统意义上的产业区，而是符合磁器口旅游消费升级要求的城市休闲乐园与生态文化公园。

  园区采用"一轴、两带、六区"的规划结构。"一轴"为串连歌乐山与嘉陵江的中央景观轴，也是东西向功能联系的走廊。"两带"打造多层次、功能复合的滨江公共活力带。在新建建筑和保留建筑之间，创造界面丰富、功能多样、文艺气息活跃的城市文化体验带。"六区"分别指商务办公区、创意研发区、时尚休闲区、影视传媒工业区、工业记忆传承区、休闲餐饮区，共同打造产业联动、发展潜力巨大的创意园区。

山城江北 147

改造策略

■ 框架保留，立面保留，内部空间重新划分

■ 框架保留，保留残存墙体，结构暴露，立面用可替换构件补齐，内部空间重新划分

■ 框架保留，立面重新设计，延用原有的红砖、方砖窗花等，传承文脉，内部空间重新划分

保留原始的红砖烟囱，并结合公共空间进行设计

保留原始钢管，并加入景观装置

改造更新策略

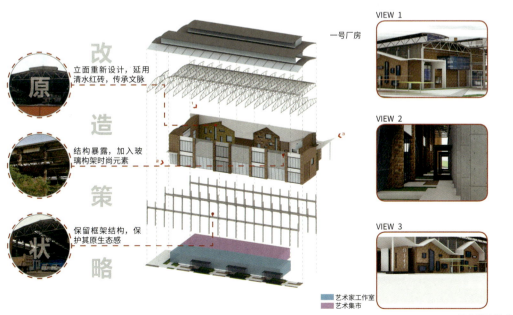

改 原 造 策 状 略

立面重新设计，延用清水红砖，传承文脉

结构暴露，加入玻璃构架时尚元素

保留框架结构，保护其原生态感

■ 艺术家工作室
■ 艺术集市

VIEW 1 一号厂房

VIEW 2

VIEW 3

厂房改造技术

148　未来都市：走向整体环境营造

沿江界面保留工业遗存，延续特钢厂的场所精神　　保留外露的工业厂房结构，作为滨江主入口的标志，通达中央广场，与嘉陵江对岸形成视线的穿透

沿江界面

主要文化节点

入口效果图

广场效果图

儿童活动区效果图

校园鸟瞰

石子山中小学

基地面积：65.4 hm²
建筑面积：44,000 m²
设计时间：2014年
建成时间：2020年

该项目位于重庆，西侧靠近城市主干道内环快速路，东侧紧邻盘溪路，南侧直接与城市道路相连。"山城重庆""石子山中小学"，因山得名，与山结缘，"山"是最能简单朴素地表达自然与人文特色的设计理念。基地内地势较为复杂，山地坡度较大，山坡区域较多，较不利于建筑的设计与实施。同时，因为任务书要求小学与中学在同一地块内，用地紧张，所以中学与小学的一些功能要共享，既相对独立又相互联系。如何处理好这一问题是方案设计的重点也是难点。通过对学校分区的分析，需要对本地块进行改造，使改造过后的地形能更好地满足功能需求，同时使地块能得到最大程度的利用。首先要降低地块内山体的高度，减缓坡度，以更加适合活动要求。降低南侧的高度，可形成更大的日照面。而东侧平整的地形，更加适合操场。

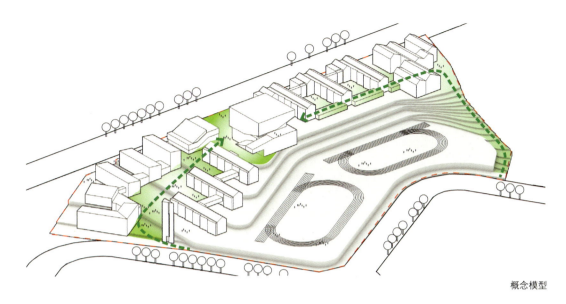

概念模型

草图

建筑与地形相融合还原了山的形状，提升了周边的景观环境。中、小学生在属性上有着不同特点。中学生偏重于社会性，因此中学生需要更多的人与人之间的交流；而小学生则偏重于自然性，因此需要与自然更多的接触。中学与小学的设计各具特色，但又以两种不同的自然方式进入，勾勒出中学与小学对"山"的理念的不同诠释。两个学校的建筑群构成一个整体，与山体相融合，形成统一、完整的界面，而对于城市或者周边的居民而言，则最大程度上还原了"山"的景观，强化了与山的关联。从学校使用角度上看，中学的校园场所，因为更加接近居民楼，所以相对更独立、更具围合感，拥有自己的小场所、小天地，足显其人文与场所精神，很好地响应了中学生的社会性诉求。小学的校园稍远离居民区，在校园的空间处理上则更开放，建筑与景观融为一体（因管理调整，本项目已作为重庆市字水中学新校区投入使用）。

夜景效果图

沿街界面

校园剖立面图

校园入口

科研馆

综合楼

山地特色的大台阶

图书馆

操场

广场透视图
Plaza View

建筑群效果图

贵阳花溪生态示范综合体

基地面积：1.6 hm²
建筑面积：29,000 m²
设计时间：2011年

该项目位于贵州贵阳花溪区，未来都市设计事务所受委托为2011年贵阳国际生态论坛设计一个生态示范建筑作为大会的展览项目。这个综合体包含了办公、住宅和商业等功能。

群山的概念

贵州典型地貌

周边环境

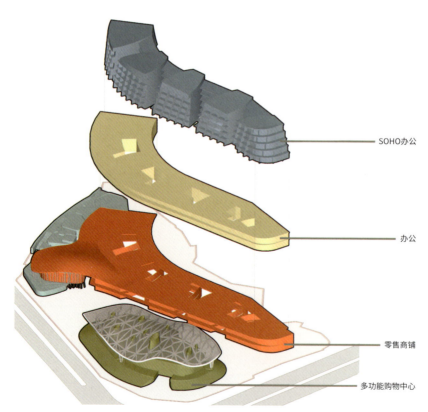

- SOHO办公
- 办公
- 零售商铺
- 多功能购物中心

建筑功能分析

建筑形态与生态设计体现了以下几个概念：

（1）山：设计概念源于贵阳的自然山水，主体建筑的多塔楼流线造型和多功能购物中心的壳体形态与周围连绵的群山遥相呼应。

（2）水：水是主要的生态元素，更是体现花溪文化特质的载体，具象的水池和抽象的水波涟漪构成一道独特风景。生态水池如梯田一般层层跌落，使贵阳常年丰沛的雨水得到回收，并经过生态手段的层层过滤，最后用于景观水体与植物的灌溉。绿色屋顶也收集雨水作为建筑内部的盥洗等用途。整个项目节水可超过50%。

（3）景：建筑的"山形"和景观的"流水"元素构成花溪天然景观的缩影。建筑造型的通透性使建筑和外部景观相互渗透，既"造景"又"借景"。

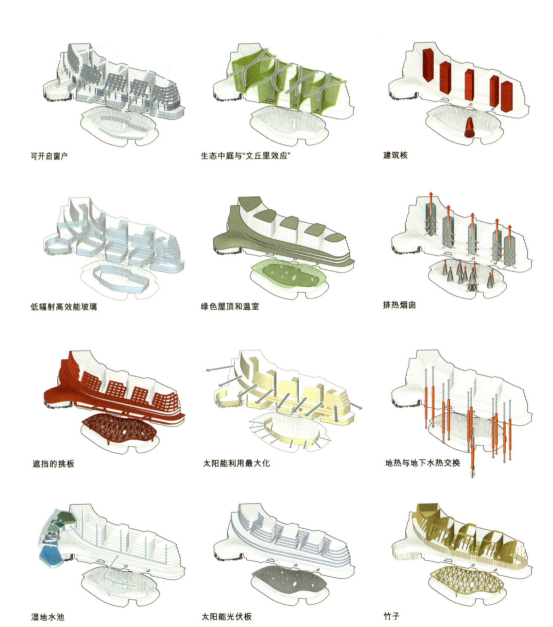

环境系统的图解

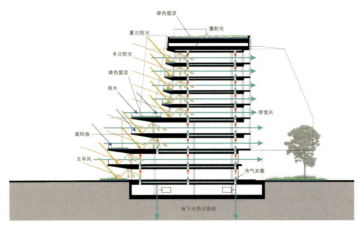

主楼剖面与环境系统设计

建筑体量与主导风向关系

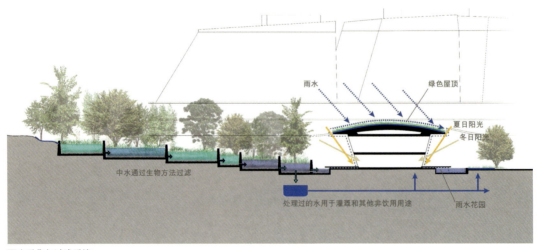

雨水采集与过滤系统

鸟瞰夜景

（4）日：贵阳的气候冬暖夏凉，日照时间较短，终年湿度很高。弧线形的建筑形态和化整为零的建筑体量能够充分利用日照和太阳能。

（5）风：这是一座"会呼吸的建筑"。主楼与购物中心、小型塔楼之间形成相对狭窄的室外空间，有利于形成"文丘里效应"，即产生气流以较快的速度通过这些空间，带走湿气和热量，大大降低了建筑能耗。同时每座建筑内部都设计有拔风的"烟囱"，进一步增强了通风效果。建筑基本不需要空调。

（6）能源：建筑物的光伏板吸收太阳能用于日常用电，地热的导入解决了贵阳日常低强度的供暖和空调的需求，加上自然通风的充分利用，总用电量也可节省高达80%。

（7）生态：设计结合28项生态技术，应用可再生能源、可循环材料、本地材料和建造技术，创造真正意义上的绿色建筑，成为具有花溪特色的生态建筑和生态社区的设计典范。

（8）地域：设计充分结合贵阳和周边地区的气候、生态、文化和经济特点，运用本土材料、技术和资源，探索一条可实施可推广的设计与开发模式。

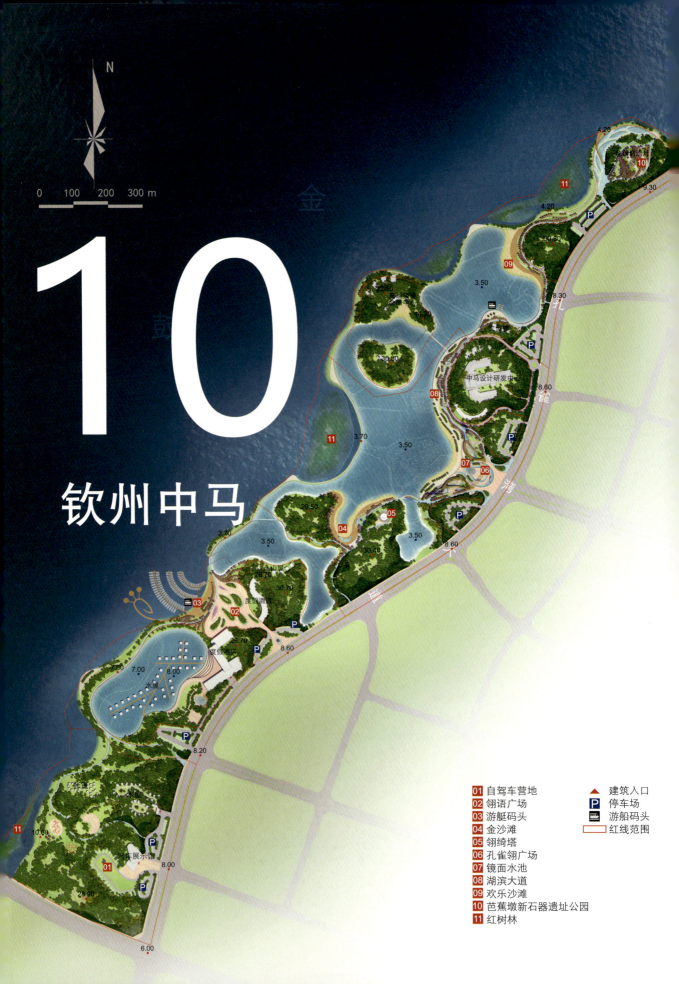

广西钦州是"岭南文化""广府文化"重要的兴盛地和传承地，它背靠两广，面向北部湾，是广西北部湾经济区的海陆交通枢纽、"一带一路"南向通道陆海节点城市，以及中国—东盟自由贸易区的前沿城市。中国—马来西亚钦州产业园区（简称中马钦州产业园）于2012年获国务院批复成立，是继苏州工业园区、天津生态城之后中国第三个中外合作的国际园区，重点发展生物医药、电子信息、装备制造、新能源与新材料、现代服务业和东盟传统优势产业。未来都市设计事务所依托多年来在苏州工业园区的规划设计经验，持续为中马产业园的发展提供咨询服务，除了在产业战略规划、智慧城市发展、建筑文化融合等方面的专业服务外，也为钦州及周边区域的生态保护和环境韧性提供前瞻性规划。

北片控制性详细规划效果图

中马钦州产业园总规与控规

规划面积：55 km²
规划时间：2011—2020年
建成时间：在建

中马钦州产业园的规划提出以绿色智慧园区为导向、以跨境服务业为重点，全力发展开放型优势产业，将园区打造成"中马两国投资合作旗舰项目"和"中国—东盟合作示范区"。

园区规划面积55 km²，功能分别包括居住区、港口新城中心区、科研服务区、工业区和启动工业区。首期开发建设15 km²，其中启动区面积约为7.87 km²。

钦州中马

区位分析图

北区控制性详细规划

北区空间景观规划

总体规划图

北片核心区建筑高度与天际线

园区总体规划结构为"一谷、两带、六组团"。一谷是指以金鼓江流域"三江四岸"为核心区建设"东盟商谷",重点发展跨境金融、跨境商贸服务、商品展示等优势服务业,形成跨境服务业集聚区。两带分别指沿金鼓江中支流规划的科技创新带,以及沿金鼓江西支流规划的文化休闲带。六组团包括启动区综合组团、信息技术组团、生物技术组团、装备制造组团、现代服务业组团、新能源与新材料组团。

规划创造性地采用"内湖外海"的设计手法,梳理改造沿金鼓江两岸密集成片的圩塘,延续历史脉络,结合城市开发建设形成稳定水位的内湖,打造亲水景观;利用内湖堤岸将红树林与城市开发隔离,维护了红树林所需的潮起潮落的生长环境,实现了"外海观潮水起落,内湖享静谧休闲"的意境。

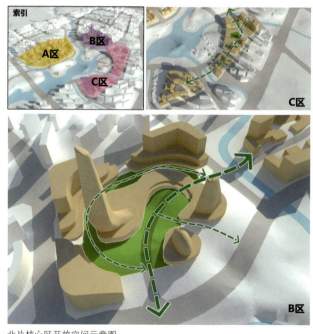

北片核心区开放空间示意图

北片核心区开放空间示意图

交通廊道

夜景效果图

马来西亚城城市设计

| 规划面积：200 hm²
| 设计时间：2016年

马来西亚城位于中马产业园启动区内，是功能混合的生产生活服务中心。规划基地内功能划分，依照"产—城—游"序列沿中马大街布局主要功能，形成启动区核心服务功能区域与城市形象展示区域。规划提出了"生态性、复合型超级综合体"的设计愿景。

总规划图

规划落实"内湖外海"理念,保留绝大部分山体、红树林,梳理水系,打造景观湖。整个片区以商务综合体为核心,东侧为工业及生产研发区,滨水区北侧布置创意产业区,南侧打造度假型酒店。以中马大街为主轴线,自城市向滨水区组织逐渐升高的天际线。规划在开放空间组织、开发强度组织及功能分区基础上,形成初步空间体块,强化了地标建筑识别性,赋予滨水区域建筑马来风格,融合立体绿化、连廊等景观元素。

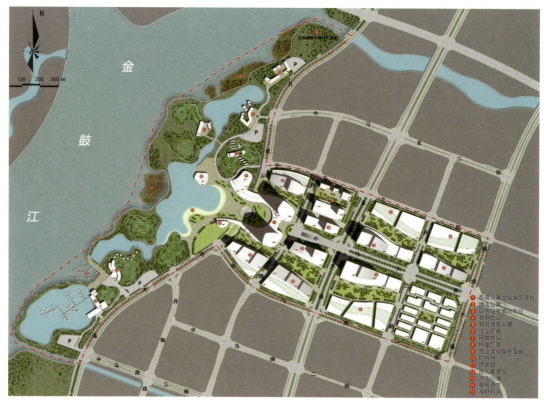

核心区城市设计总平面图

核心区立体交通示意图

钦州中马

高程分析

核心区鸟瞰

天际线控制

实景鸟瞰

孔雀湾生态保护区景观设计

规划范围：1.2 km²
设计时间：2017年
建成时间：部分建成

　　孔雀湾生态保护区景观设计遵循生态优先理念，强调保护金鼓江及其支流沿岸的红树林，并进一步挖掘园区水文化，彰显滨水园区特色，充分发挥东盟商谷的生态效益和经济效益，打造"生态园区、魅力金鼓"的文化品牌，使之成为园区的"生态客厅"。同时，设计提出"内湖外海"的具体设计手法，巧妙地化解了红树林保护与滨海开发的矛盾，在保护生态环境的基础上创造出富有特色的城市空间环境。

中马大道上空金鼓江方向 160 m 高视野

80 m 高视野

中马北二街上空金鼓江方向 20 m 高视野

现状

整体生态治理成效

现状分析图

植物分布图

功能分区图

"活力客厅"滨水休闲区

　　在景观规划的总体框架下，设计结合基地山水特质、周边用地性质、开发强度及区域特色的不同，采用不同的设计手法来表达自然、城市、用途和内涵等主题。设计以尊重原始山水风貌的特色为出发点，在此基础上通过各种手法使外海与内湖景色相连，创造类似无边界水池的视觉景象。注重水上岛屿边界，在不破坏湖岛上景色的同时，将重要景观节点有序点缀在湖岛之间，使人类活动自然地掩映于山水之间。

"活力客厅"滨水休闲区

"活力客厅"滨水休闲区

各功能活动区结合周边用地性质及自身区域特点打造，分区之间通过桥梁、道路或水系自然过渡。整体布局由中央区域的"动"逐渐向周边区域的"静"过渡，同时结合公共区域和私享区域的特点布置活动内容，充分结合游客的行为心理，使场地得到多元化的合理利用。沿孔雀湾大道塑造多处海景展示面，通过道路空间上的开合变化——水景的"开"与山体的"合"，引导游客进入湖滨体验。

整体设计注重生态上的全面恢复，对场地内部的桉树林有效治理，对红树林突出保护，以带动整个区域的生态更新，为生态旅游的发展打好基础。

整体鸟瞰

孔雀翎图样

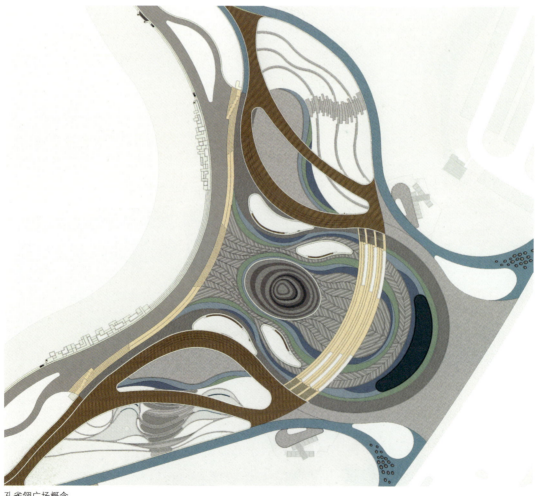

孔雀翎广场概念

孔雀翎广场

孔雀翎广场

孔雀翎广场局部

鸟瞰效果图

金鼓江区域滨水空间生态设计

规划面积：75 hm²
设计时间：2019年
建成时间：在建

项目位于广西壮族自治区钦州市中马钦州产业园。设计范围位于中马产业园的中部，是产业园区"一谷、两带、六组团"规划结构的核心区域，同时也是中马产业园区滨水魅力空间的核心区域。设计范围包括金鼓江区域一期用地内的下埠江两岸滨水空间、下埠江支流云谷涧、金水涧、龙船河周边的滨水空间。场地周边环绕着红树林，这是一种在净化海水、防风消浪、固碳储碳、维护生物多样性等方面发挥着重要作用，有"海岸卫士""海洋绿肺"美誉的湿地木本植物群落。如何在保护适宜红树林生长的本土生态环境基底的基础上，开发利用滨水空间是本案最需要解决的问题。

钦州中马 179

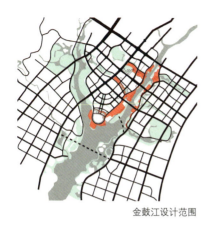

金鼓江设计范围

该项目设计愿景为创造生态与城市共融共生、和谐发展的"活力客厅"。项目以生态分析为基础，将景观规划范围分为城市功能区和生态保护区，制定生态保护区建设原则，使原生自然与人工自然和谐共处。同时，设计通过植入城市功能，打造助力科技创新带的景观空间，置入开放空间，与绿道贯通。沿着下埠江科技创新带，打造具有中马文化、都市文化、生态文化、科技文化内涵的景观空间。

红树林生存现状分析　　　　　　　　　　　　红树林生存现状实景

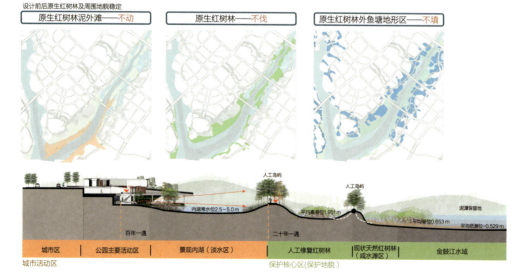

红树林保存策略

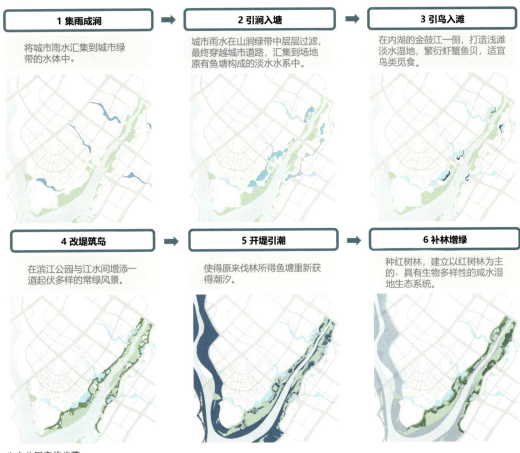

生态公园实施步骤

策略：制定生态保护区建设原则
采用人工种植与自然演替相结合的方式恢复红树

在满足城市休憩活动的用地需求前提下，对部分虾塘进行退塘还林；同时对这部分区域的人流和照明等进行适当控制，小众人流进入，限制照明设置等。

退塘还林的方法主要包括生境修复、植被修复和生态系统修复。

生境修复
开堤引潮：使原来伐林所得虾塘重新获得潮汐；
挖塘蓄水：改造原有鱼塘池底，确保适宜咸水生境的水生植物和动物有多样化的生存环境。

植被修复
补林增绿：采用人工种植与自然演替相结合的方式恢复红树林；
人工种植：在咸水湿地边缘的滩地部分，采用模拟红树林群落分布成片种植的人工恢复方式；
自然演替：沿咸水湿地边缘种植先锋树种，通过自然演替的方式逐步形成稳定的红树林群落。

生态系统修复
恢复红树林后，形成生物多样性的咸水湿地生态系统；
咸水湿地生态系统：恢复红树林后，咸水湿地生态环境更加稳定，可以为不同生物提供较好的栖息环境。

水体保持与红树林培植策略

钦州中马

策略一：集雨成涧

策略二：引涧入塘

策略三：引鸟入滩

金鼓江岸线综合生态整治修复工程，以生态公园、城市公园这两园双生来构建中马产业园的特色滨水风光带。通过设置红树林核心保护区，建立咸水温地塘缓冲区和城市公共活动区，既满足红树林保护的需求，也为众多休闲、运动、娱乐、集会等城市活动提供了活动场所。

红树林核心保护区不在设计范围内，景观设计时在其保护区周边尽量不进行大规模的建设，以避免改变其原生生境。

缓冲区内的设计可保护并拓展红树林的理想生境范围，建立咸水湿地塘、修复红树林，限量布置道路、场地和照明设备等，以净化水质、控制人流和进行黑天空保护。同时在缓冲区内靠近城市公共活动区一侧提供贯穿的生态绿道，满足休闲、红树林科普等活动需求。

总平面图

182　未来都市：走向整体环境营造

建成片区实景

建成片区实景鸟瞰

建成片区实景局部

建成片区实景局部

冯家江水湾城市形态

北海银滩城市设计

规划范围：55.73 km²
规划时间：2006年

北海银滩城市设计重点塑造了四个不同的城市空间：银滩海岸线是向海面开放的空间；白虎头城市广场是城市的中心——一个由建筑围合的内向型的城市广场；冯家江水湾是独具特色的商业娱乐空间；内河两岸是适宜居住的生态空间。地块划分及用地性质方面，海景区域以旅游酒店用地为主。白虎头区域是中区的核心，是集中商业、星级酒店、高档公寓等的多种综合用地。沿江区域以特色娱乐用地为主；内河区域以居住为主。银滩区域通过组织海滩地块的互动关系形成一条连续有动感的轮廓线，强调建筑与海岸的空间关系。海岸组织串连了开放空间的重要节点，成为从海岸向城市纵深过渡与渗透的空间。同时，通过线性道路上的这系列节点加强海岸与城市的联系。

建设中场景

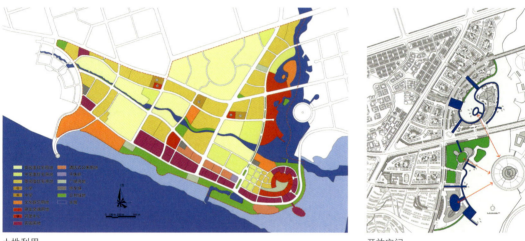

土地利用　　　　　　　　　　　　　开放空间

空间意向

钦州中马 185

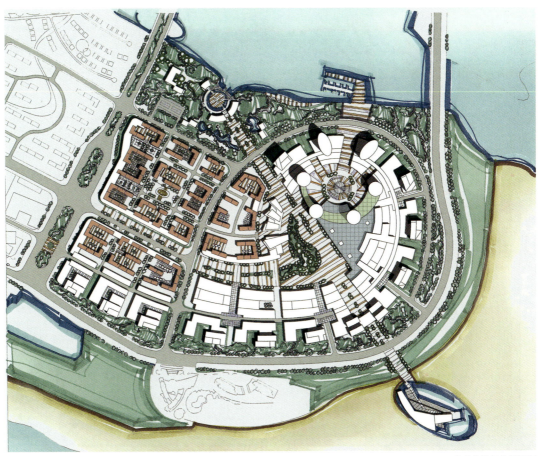

白虎头片区总平面图

白虎头片区城市形态

11 海外游弋

在"一带一路"倡议下，未来都市设计事务所在近十年来参与了众多海外国际合作项目的规划设计。事务所设计项目遍及北美、拉美、非洲和东南亚等各大区域。这些项目贯穿两个设计理念：第一是以大型规划为起点，在宏观层面施以产业发展、基础设施、空间与生态的综合性研究策略；第二是从宏观到微观的设计尺度上，强调生态可持续性，设计着眼于长期发展，并落实到景观塑造与建筑特色等层面。这两个理念的贯彻在实践中帮助规划与设计融入各种各样的经济与文化环境，也帮助中国的投资方讲好中国故事，体现大国担当。

鸟瞰效果图

刚果共和国黑角经济特区

规划面积：27.9 km²
规划时间：2017年

　　黑角经济特区的规划按照"港、产、园"一体化发展要求，以黑角新港建设为抓手，打造临港产业链，组织以港口为核心的运输网络、产业分工网络，形成集聚效应，实现临港产业区与宜居园区的和谐共生。

　　规划遵循生态优先的原则，结合地形保护生态敏感区，将对现有生态环境的影响降至最低，减少对林地等植被的开发，将红河流域环境进行综合整治与优化。考虑特区远期需求，建设完善的配套服务和基础设施，满足黑角经

海外游弋 189

道路交通系统

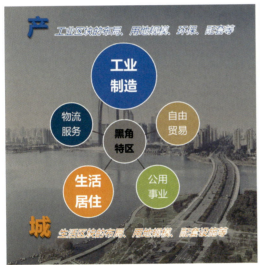

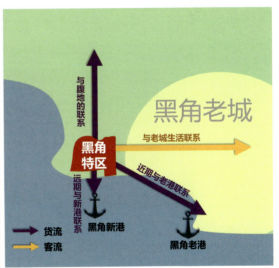

特区选址研究

济特区远期城市化发展需求。同时采取近远期结合的策略，近期发展工业和基础设施，创造就业机会，吸引人口，打造环境，提升土地价值，远期以城市化反哺工业化。

总体规划结构综合考虑地形、排水、风向等自然条件，特区与老城的关系，以及各大功能区块对用地的需求，规划了一条生态廊道、一个特区中心、三大功能区块的紧凑空间布局结构，实现了港、产、城一体化发展。构建开敞、疏朗的空间大格局，以港口物流区块、工业区块、生活区块等功能区块组合而成，功能区块内部突出功能的整合，区块之间以生态廊道间隔，限定组团增长边界，并通过便捷的交通连接。

在空间布局上，港口物流区块及工业区块依托三环路及新港疏港铁路布置；生活区布局于东侧靠近黑角老城及Y形冲沟南侧生态环境较好的区域；在港口物流区及工业区与生活区之间，利用现状红河、Y形冲沟等自然资源，打造红河生态廊道；利用现状红河水系开挖人工湖提升景观，打造黑角经济特区滨水中心中央商务区。

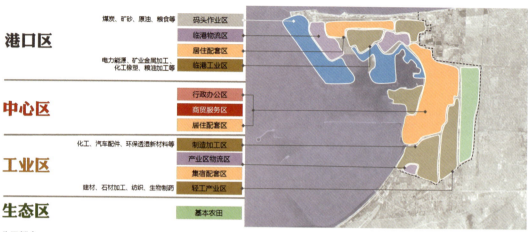

分区概念

土地使用规划

区域规划结构

埃塞俄比亚德雷达瓦产业新城

规划面积：42 km²
规划时间：2017年

德雷达瓦产业新城是首次海外国家政府发起，由中国与埃塞俄比亚两国政府支持的产业新城。项目从2013年埃塞俄比亚全国战略布局咨询的顶层设计开始，历经六年有余，通过国家特殊经济区发展战略、总体发展规划、空间规划、可行性研究、概念规划、详细规划等项目逐步细化规划设计，从战略概念逐步走向落地实施。

整个过程平衡协调多方利益相关者（包括埃塞联邦政府、德雷达瓦当地政府、两国学者、中埃两国规划咨询从业人员、国际园区企业投资方、国际组织等），逐步深入协作。规划期间的全方位沟通为未来园区企业投资方的诉求预留空间，为园区的招商引资、实施落地扫除障碍。

区域交通体系

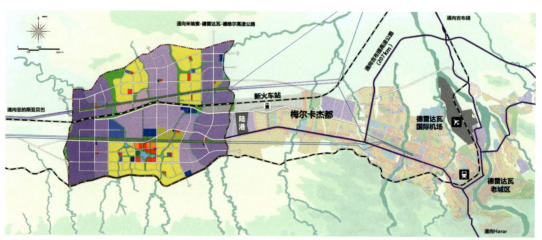

新城与既有城市关系

规划秉承生态优先，在数年的协调沟通过程中，逐步贴近埃塞俄比亚及德雷达瓦当地的实际经济发展水平和需求，从最初规划远景涵盖主城的213 km²，逐步调整为联邦政府工业园区管理委员会（IPDC）获得土地权属的42 km²，并优先实施其中由中国土木工程集团公司投资建设开发的启动区10 km²。

规划修编以保护生态最为核心敏感的区域为前提，同时最大限度减少前期投资，在可调范围内减少园区绿地比例的同时保障产居比例平衡。考虑埃塞联邦政府借用外资，园区多主体开发的实际诉求，概念规划的"三明治"产居用地设计为未来灵活出地，为减少钟摆交通提供了保障。同时，整体规划涵盖远期园区新城与主城，与德雷达瓦现有城市发展和未来城市新中心的规划衔接，为未来实现远景规划愿景保留可能。

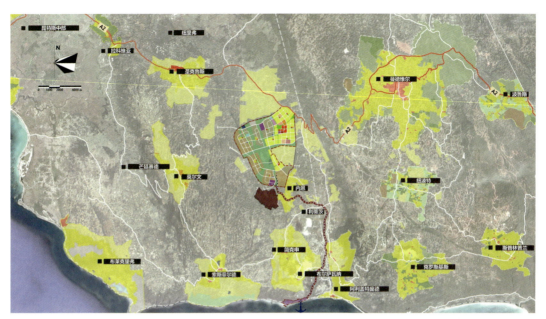

园区总平面图及区域联络

牙买加国际产业园

规划面积：27 km²
规划时间：2017年

  牙买加国际产业园是国家"一带一路"企业走出去的项目先行者，以中国与美洲经济贸易合作为重要支点，以中国与牙买加国际产能合作为核心平台，承担重要的国际产业发展职能，同时融入牙买加第三大城市周边区域发展。本概念规划项目不同于国内既定体系内的规范项目，需在充分了解牙买加规划体系和要求的基础上，在满足牙买加政府、当地城市和区域发展、甘肃酒泉钢铁企业投资方等多方诉求的前提下，从园区选址阶段就开始全方位的规划咨询服务。

规划通过系统研究，考虑适合牙买加发展趋势及甘肃酒泉钢铁厂区产能的产居平衡的园区规模范围，综合生态保护、投资方诉求、经济可行性、服务当地四大要素，并细分九大原则，权衡分析港园一体化发展，形成最终 27 km² 的园区发展规模及选址。优化选址后，不仅减少了区域生态影响，也减少了规划范围内生态敏感用地的比例，降低了园区开发的成本和困难。规划通过生态廊道的构建，衔接生态核心，并为不同功能区划构筑天然分区组团，同时为未来延长产业链、分阶段园区建设提供开发便利。

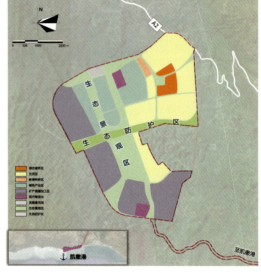

生态结构

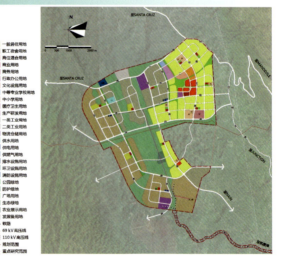

用地规划

核心区城市意象

马来西亚柔佛产业新城

| 规划面积：66 km²
| 规划时间：2021年

　　马来西亚柔佛产业新城将打造高标准的国际产业新城，以产业带动居住，配套公用设施，造就一个多产业、人性化、环境可持续的新城。规划通过科学布局各类用地，形成一个以产业为主，并可容纳32万人居住的综合性新城。

　　合理的产业布局是产业新城的灵魂，规划需重点满足各类产业的需求，并给予科学定位。概念规划对于产业布局不拘于具体的类型，而是根据产业的大类别及其对环境的影响程度来划分。

196　未来都市：走向整体环境营造

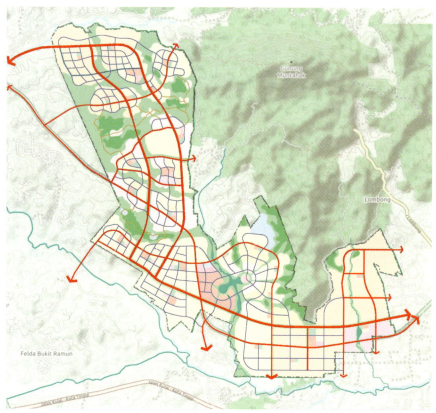

道路交通系统

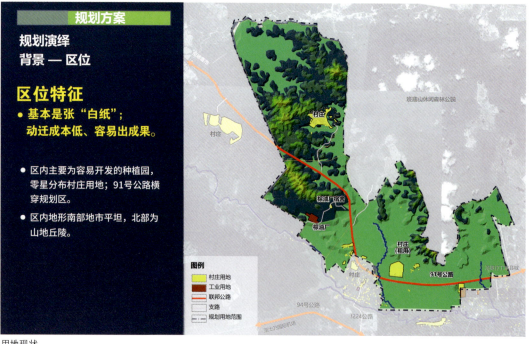

规划方案

规划演绎
背景 — 区位

区位特征

- 基本是张"白纸"；动迁成本低、容易出成果。

- 区内主要为容易开发的种植园，零星分布村庄用地；91号公路横穿规划区。
- 区内地形南部地市平坦，北部为山地丘陵。

用地现状

规划方案

规划演绎
规划方案 — 规划图

柔佛国际产业新城概念规划图

- 保留原有的地形山势，用生态绿地分隔城市为若干组团，城内绿地也和周边生态融成一个整体。
- 每个组团不仅具有主导的城市特色，而且包含完善的城市功能。
- 城市中心位于规划区中心，方便服务；拓展水面，环绕湖面向心布局，使新城中心在水平方向和垂直方向产生强烈的对比，创造一个使人难忘的形象。

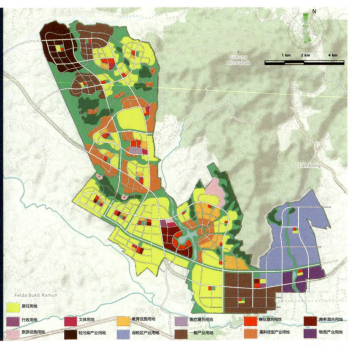

总体规划图

规划方案

规划解读
规划特色和策略

二、组团式城市结构有利于分阶段人口的集聚，分阶段的投入和产出，而且每形成一个组团就能马上运行一个组团，对于企业主导的园区开发是一种比较行之有效的方法。每一组团中都有产业，住宅和公共服务设施，可以自成系统。
每个组团可根据不同产业性质，定位不同特征，

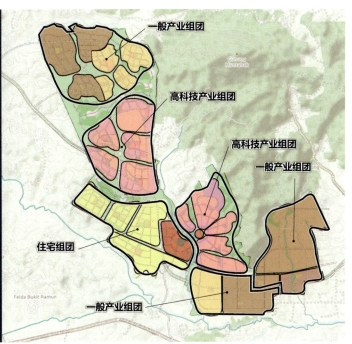

功能组团

设计在空间上采取组团式城市结构，有利于分阶段人口集聚、分阶段投入和产出。滚动开发使得每形成一个组团就能运行一个组团，对于企业主导的园区开发是一种行之有效的方式。每一组团中都有产业、住宅和公共服务设施，可以自成系统。每个组团可根据不同产业性质定位不同特征。

12

竖向城市

- 南北立面VIP层的波纹状透视金属面材
- VIP会所
- VIP会所泳池和健身俱乐部
- 铝板与玻璃的竖向交织

  竖向城市主义是林中杰教授在城市设计教学研究中倡导的理论创新实践，自2012年起系列国际城市设计工作坊不断探索，成果收录于《竖向城市》（*Vertical Urbanism*）一书。这个理论突破了西方"紧凑城市"理论体系的传统概念，使其得到更新发展，并在此基础上融入当代亚洲城市形态与社会演变在空间组成与结构上的多元化特征。同时，竖向城市主义也是对当代城市以超大街区、独立塔楼、功能隔离为特征的低质量城市化的批判。竖向城市主义倡导以"密度、复杂性、竖向性"（density, complexity, and verticality）为核心特征，是建筑、景观与基础设施紧密合作的"空间形态集成、社会功能融合"（formally integrated, socially engaged）的综合城市设计。这个理论为当代城市综合体的设计、开发与管理提供了理论基础与实践指引。

酒店效果图

太原汾酒文化商务中心

基地面积：8.175 hm²
总建筑面积：400,000 m²
设计时间：2012年
建成时间：2020年

方案设计分析——住宅高度

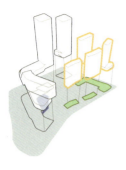

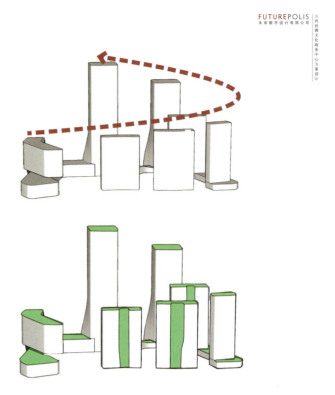

整个建筑群的高度变化形成层层拔高的上升趋势，而住宅高低的变化是与之相对应的。

建筑群高度控制概念

总平面图

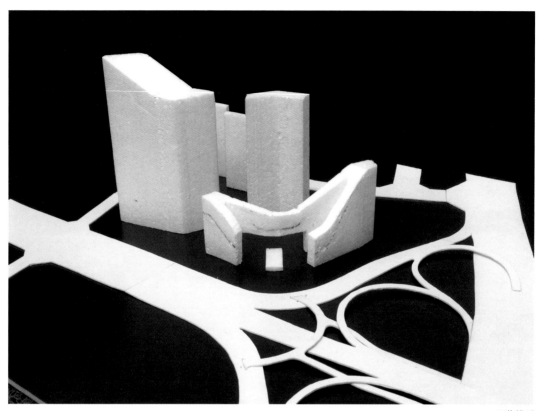

工作模型

  由未来城市设计事务所设计的太原汾酒文化商务中心方案是国际竞赛的中标方案。设计由一组建筑群组成，分别为汾酒集团总部办公大楼、国际5A级写字楼、五星级酒店和汾酒集团职工公寓，最高塔楼高度为195 m。

  "源"是设计的中心概念，也是统领整组建筑的纽带。"源"来自于汾酒作为白酒鼻祖的渊源以及汾河水作为酿造汾酒的来源。

  "源"的作用一是突显汾酒悠久的历史，二是强调酒文化绵柔的气质。这两点通过总平面布局、建筑体量、表皮和景观设计得以体现。建筑体量围绕杏花村主题下层广场层层展开，拔地而起。立面通过参数化设计形成丰富的肌理，通过光影的变化，让静止的建筑流动起来。建筑群围合的景观设计也以"源"为灵感，将汾酒文化淋漓尽致地展现于建筑与自然之间。

  山西汾酒文化商务中心力求经济、合理，以人为本，注重可持续发展，在此基础上，设计挖掘项目的文化属性及地域性，使其成为整个太原市乃至山西省最具有影响力的标志性建筑之一。商务中心由四个部分组成：北临龙城大街的两幢一高一矮的双子座塔楼，靠东面较矮的一幢为39层、高度为160 m的写字楼，靠西面较高的一幢为48层、高度195 m的综合大楼，包括五星级酒店和写字楼；基地西面靠近滨河东路的部分为一幢16层、高度80 m的汾酒文化会议中心及精品酒店；基地南面是六幢100 m高的酒店式公寓。

204　未来都市：走向整体环境营造

住宅区效果图

内部广场设计

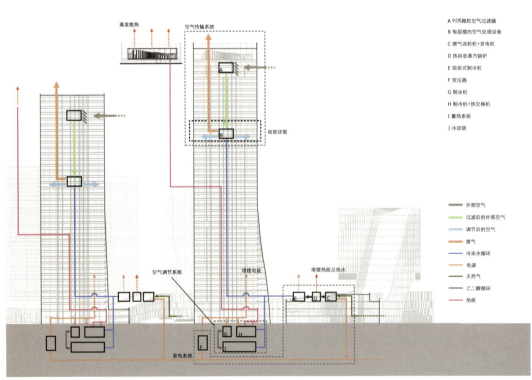

节能技术分析

A 95%微粒空气过滤器
B 每层楼的空气处理设备
C 燃气涡轮机+发电机
D 热回收蒸汽锅炉
E 吸收式制冷机
F 变压器
G 制冰机
H 制冷机+热交换机
I 蓄热系统
J 冷却塔

外部空气
过滤后的外部空气
调节后的空气
废气
冷冻水循环
电源
天然气
乙二醇循环
热能

竖向城市　205

施工场景

建筑群鸟瞰

上海杨浦科技园

基地面积：57362 m²
总建筑面积：290,000 m²
设计时间：2013年

基地位于上海市杨浦区南部，毗邻黄浦江。杨浦区是上海科技型产业的集中区，但是缺乏核心。基地所在位置适合成为杨浦区乃至上海的科技产业核心，同时也利于打造全新的科技型沿江开放空间。

此设计引入全新的概念，将之运用于新型第四代科技园区，它集约化利用土地，向高空发展；它位居城市中心，以立体城市综合体示人；它既是交通转换的集合点，也是智能科技的体验场所，更是高效优质生活的源头。

基地建设用地57,362 m²，总建筑面积约29万m²，其中地上约19万m²，地下约10万m²。办公总量约85,000 m²，专家公寓总量约36,000 m²，其余为商业休闲。四幢塔楼分别包含两座150 m高的办公和企业总部、100 m高的专家公寓，以及以商业休闲为主的40 m高的塔楼及裙房。裙房根据建筑和人流动线关系进行划分，形成丰富的地面空间。

竖向城市 207

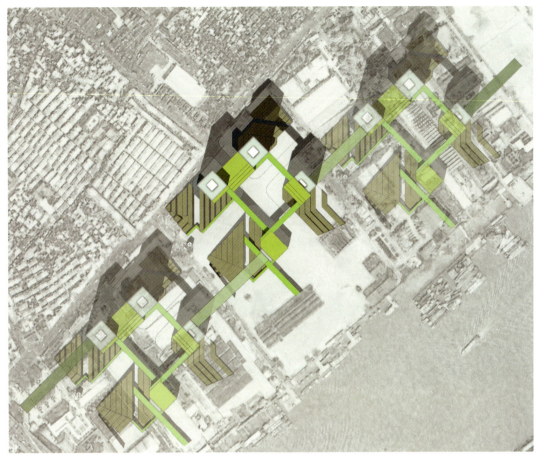

总平面图

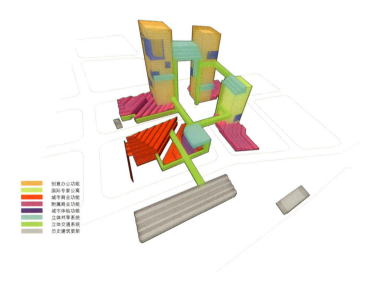

立体功能布局

通过对城市的研究，我们将另一套交通系统附在塔楼外部，将塔楼和裙房联系在一起，形成立体交通网络，外部人群可通过这套系统融入整个科技园，俯瞰黄浦江，遥望陆家嘴。这套系统提供了很多交流空间，是科技园思想碰撞、孕育创新精神的平台。设计也将塔楼部分楼层进行通高处理，形成大小各异、丰富多样的空中花园，人们可以在这个共享的绿岛中观景、洽谈，真正意义上的立体城市就此形成。

黄浦江对岸视角

杨浦区视角

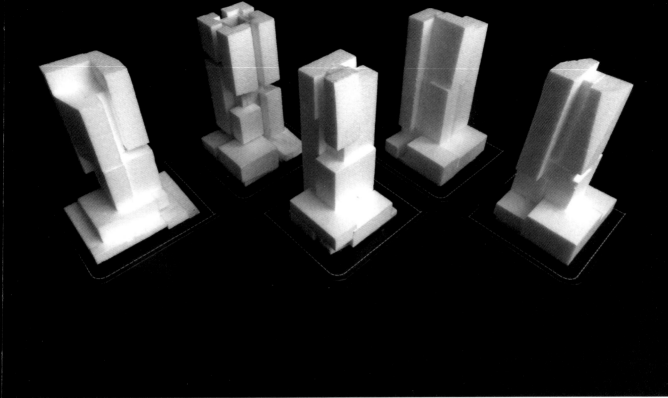

工作模型比较方案

苏州工业园区天翔大厦

基地面积：14,000 m²
总建筑面积：63,400 m²
设计时间：2014年

在设计天翔大厦的过程中，我们提出了"天上苏苑"的设计理念。设计概念取一个"苑"字，其意有二：一指园林，二指艺术和文学的中心。表达了想要师法苏州城、苏州园林，创造新颖高层居住体验的设计意图。

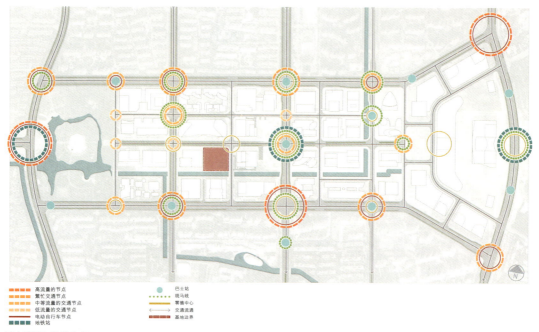

城市脉络与结构分析

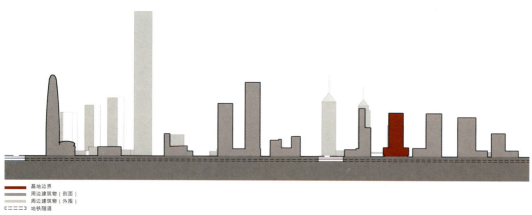

场地剖面分析

苏州以其独一无二的城市景观和苏州园林而享誉盛名。我们研究了苏州传统城市的组织模式和园林的空间处理手法，并将其运用到竖向塔楼的设计当中。在这种创造性的组织方式中，户型的排布不再是酒店式的单调乏味，而是围绕着一组空中花园，组成相对独立的空中社区。业主在这里交友、游园、观景，于现代化的高层建筑中体验传统的苏式生活。

项目将成为中央公园到金鸡湖景观廊道中的一个节点。设计在高密度的CBD区创造出一片绿洲，成为建筑与景观结合的典范。连续坡道上的绿化与地面绿化连成整体，与咖啡、购物、雕塑、观景多种服务功能结合，成为一条竖向的绿色廊道。塔楼上的屋顶花园成为联系周围小社区的核心，不仅能观赏苏州著名的自然、人文景观，还是年轻白领交流聚会的场所。

竖向城市　211

远距离视野（全景）
受阻视野（路面高度）

高度与视野分析

方案1　　方案2　　方案3　　方案4

方案5　　方案6　　方案7　　方案8

功能分区与立面方案比较

212　未来都市：走向整体环境营造

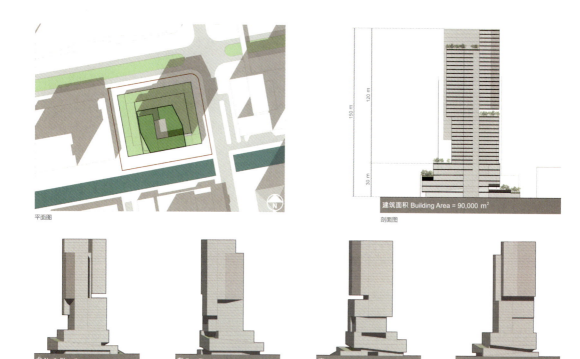

平面图

剖面图

概念设计
建筑剖面分析

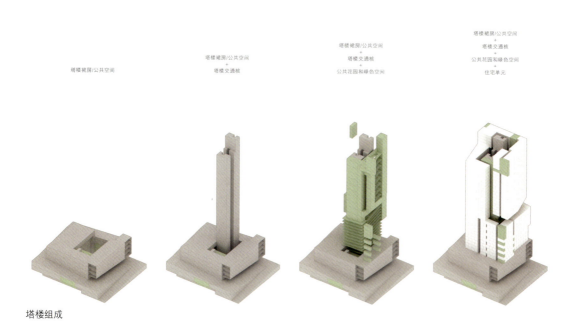

塔楼组成

竖向城市 213

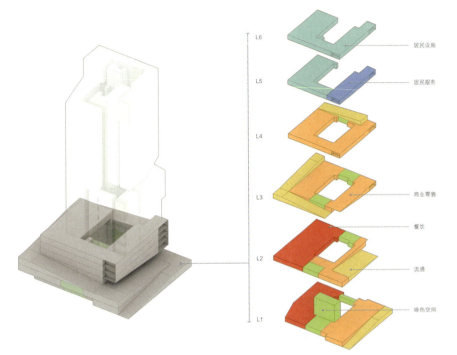

裙房形式与功能分布

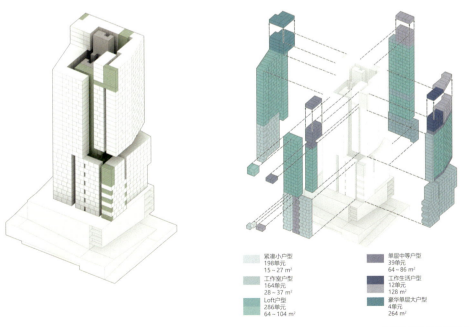

主楼住宅单元类型与分布

致谢

谨此感谢所有为未来都市设计事务所的发展共同努力的同事们（排序不分先后）。

王彤文，童宇飞，江滢，夏洁萍，王纲，Jason Slatinsky，锁晶晶，王佳祥，陈兵，邱毓敏，Boris Tomic，华兆芳，孙晶，刘婷，陶凯，廖坚毅，刘彦玲，焦毅，陈永亮，张骁，张雯雯，Gina Robinson，邹天宇，姚扬，王哲宇，高玉婷，王伟，秦一玮，莫尚琨，李罗，叶振，王远远，陆凤，Sean Phillips，李昊，陈思逸，张云径，孟思，沈星昱，胡菲凡，Robert Sochanski，江慧敏，王超，周依敏，张鹏子，David Weber，Maya Alexander，周鹏飞，李睿，Gordon Schissler，于世垚，刘飞，王春雷，叶鹏程，曹明明，陈金留，金振华，束忆霏，郭佳璐，任晓馨，钱悦珺，夏智远，陈华，宋怀远，李众，谢洁，喻圣曦，黄贵超，刘荣华，吕婧，吕霞，纪伟，翁雪雁，邹向阳，Mark Pelz，Ryan Shaban，王海燕，程彩峰，许鉴，胡荐芳，吴起帆，金旭，刘沛，欧光坤，刘辉，华琰，陈默，杜天琳，陈炜杰，鲁小康，谭虎，左昊越，唐天，尚姜庆，李成振，杨紫悦，许辰茵，赵宇屹，符言竹，张阳，Kerry Weldon，Taylor Milner，肖苏俞，王逸夫，牟映璇，刘雨昕，Jeffrey Martin Jones，周立勋，范云岚，郑立，颜羽珩，郁起信，王亚娟，张莹，周芮言，戴春芳，蒋冬冬，梁英，雍晓玲，高伟，李瑞，何千千，陈尤佳，钱苑萍，刘丹丹，钮建峰，王雅琼，陈鹏翀，张英武，许婷，王凯，黄健，蔡乾，Davi Dong，Miko-Raphael Mendoza，秦娟，杨立洵，冯振棋，刘华凯，洪昱，杜雄伟，傅力，刘纹卉，周琴，黎亮，王雅坤，王怿境，孙金花，王牧，王骎骎，刘亚进，孙烨，曹津舫，李扬，陆春燕，范志强，金宪兰，王天星，陈遗松，平娟，杨杰，金美华，董重，吴树娴，Andy Lin，Amanda Zullo，顾建华，李焕，钱敏华，李萍，徐伟，孙军荣，马秋雅，逯柔，沈勇，沈倩云，李小金，沈佳飞，唐园，宋承宇，张盐兰，张海丽，陈丹，徐文江，朱正州，薛冰，申小慧，彭娟娟，陈雅，殷静。

感谢参与此书编写制作的朋友们：解文龙，汪岩，唐子一。